日喀则草原常见植物识别手册

魏有霞 ◎ 主编

中国农业科学技术出版社

图书在版编目（CIP）数据

日喀则草原常见植物识别手册 / 魏有霞主编. —北京：中国农业科学技术出版社，2021.4
　　ISBN 978-7-5116-5147-1

　　Ⅰ.①日… Ⅱ.①魏… Ⅲ.①草原—植物—识别—日喀则—手册 Ⅳ.①Q948.527.53-62

中国版本图书馆 CIP 数据核字（2021）第 020171 号

责任编辑　崔改泵　马维玲
责任校对　贾海霞
责任印制　姜义伟　王思文

出　版　者	中国农业科学技术出版社
	北京市中关村南大街12号　邮编：100081
电　　　话	（010）82109194（编辑室）　（010）82109702（发行部）
	（010）82109709（读者服务部）
传　　　真	（010）82109194
网　　　址	http://www.castp.cn
经　销　者	各地新华书店
印　刷　者	北京地大天成文化发展有限公司
开　　　本	710mm×1 000mm　1/16
印　　　张	19
字　　　数	310千字
版　　　次	2021年4月第1版　2021年4月第1次印刷
定　　　价	158.00元

◁———— 版权所有·翻印必究 ▷

《日喀则草原常见植物识别手册》

编委会

主　　任	丁　峰
副 主 任	宋一彤　拉巴顿珠
成　　员	王建鹏　索朗多布杰　魏有霞　贾顺斌
	张　伟　赖　可

主　　编	魏有霞
副 主 编	武建双　贾顺斌　次仁吉吉
编写人员	多吉欧珠　巴　片　普布次仁　贡桑朗吉
	南卡才让　朱宝燕　索朗普赤　尼玛平措
	达罗布　达娃次仁　德　央　仓央加措
	白玛卓玛　赖　可

前 言

  日喀则市是西藏自治区第二大城市，地处祖国西南边陲，西藏自治区西南部，南与尼泊尔、不丹、印度三国接壤，西衔阿里地区，北靠那曲市，东邻拉萨市与山南市，全市区域面积18.2万km^2，辖1区17县。日喀则藏语"喜嘎孜"，意为"土地肥美的庄园"。日喀则距今已有600多年的历史，是后藏的政教中心，也是历代班禅的驻锡地，有扎什伦布寺、白居寺和萨迦寺等著名寺庙，南部边境有"世界第一高峰"——珠穆朗玛峰。日喀则以其优越的地理位置，壮丽的自然景观，独具特色的人文风情，成为旅游胜地之一。日喀则平均海拔4 000m以上，地貌地形复杂多样，河流交错，雪峰绵延，湖泊星罗棋布，有从寒带、亚热带到热带种类繁多的植物资源，生物多样性丰富。本手册是介绍日喀则草原常见植物的一本图文并茂的普及性读物，由日喀则市草原工作站组织编写。手册共收录日喀则草原植物215种（含亚种和变种），隶属45科125属；每种植物都配以彩色图片，列出中文学名、拉丁学名及隶属关系，并简要叙述其主要形态特征、生境及分布，以便读者对照识别鉴定。编写过程中，通过查阅文献资料，咨询草业和藏医相关领域专家，对每种植物的用途或开发前景进行简要的评价和介绍，为这些植物的保护和开发利用提供参考。

  由于编写时间紧迫，编写人员水平有限，手册中对植物的识别鉴定以及该物种在当地的利用情况和潜在利用价值的描述并不全面，内容难免有疏漏、不足或错误之处，诚请专家、学者和广大读者批评指正。

  感谢所有为本手册编写提供支持和帮助的人们！

编　者

2020年8月

目 录

第一章　日喀则市草原概况 ·· 1
第二章　工作照片 ··· 11
第三章　各县（区）主要草原类型景观照 ····················· 17
第四章　日喀则草原常见植物 ···································· 47
主要参考文献 ·· 265
附录A　中文名索引 ·· 267
附录B　拉丁学名索引 ··· 271
附录C　全国草原监测技术操作手册 ···························· 275

第一章
日喀则市草原概况

西藏*日喀则市草原总面积为1.96亿亩（1亩≈667m²，全书同），其中可利用草原面积为1.86亿亩，全市草原类型主要有高寒草甸类、高寒草原类、高寒草甸草原类、温性草原类、低地草甸类、温性草甸草原类、山地草甸类和沼泽类。

高寒草甸类约占全市草原总面积的52.22%，分为高寒草甸亚类、高寒盐化草甸亚类、高寒沼泽化草甸亚类。高寒草甸亚类草地类型主要有：高山嵩草型、高山嵩草—青藏苔草型、高山嵩草—杂类草型、高山嵩草—矮生嵩草型、高山嵩草—异针茅型、矮生嵩草—青藏苔草型、金露梅—高山嵩草型、香柏—高山嵩草型和尼泊尔嵩草型。高寒盐化草甸亚类草地类型主要有三角草型。高寒沼泽化草甸亚类草地类型主要有：藏北嵩草型、川滇嵩草型和华扁穗草型。

高寒草原类约占全市草原总面积的34.13%，高寒草原类草地型有：紫花针茅—青藏苔草型、紫花针茅—杂类草型、昆仑针茅型、黑穗画眉草—羽柱针茅型、固沙草—紫花针茅型、藏沙蒿—青藏苔草型、藏白蒿—禾草型、冻原白蒿型、变色锦鸡儿—紫花针茅型、鬼箭锦鸡儿—藏沙蒿型、小叶金露梅—紫花针茅型和香柏—藏沙蒿型。

* 西藏自治区简称西藏，全书中出现的自治区均用简称。

高寒草甸草原类约占全市草原总面积的7.33%，高寒草甸草原类草地型有：丝颖针茅型、紫花针茅—高山嵩草型和金露梅—紫花针茅—高山嵩草型。

温性草原类约占全市草原总面积的4.78%，温性草原类草地型有：白草型、固沙草型、草沙蚕型、日喀则蒿型、毛莲蒿型和砂生槐—蒿—禾草型。

低地草甸类约占全市草原总面积的1.27%，分为低湿地草甸亚类和低地盐化草甸亚类。低湿地草甸亚类草地类型为无脉苔草—蕨麻委陵菜型，低地盐化草甸亚类草地类型为芦苇—赖草型。

温性草甸草原类约占全市草原总面积的0.12%，温性草甸草原类草地型有：丝颖针茅型和细裂叶莲蒿—禾草型。

山地草甸类约占全市草原总面积的0.09%，分为山地草甸亚类和亚高山草甸亚类。山地草甸亚类草地类型为中亚早熟禾—苔草型，亚高山草甸亚类草地类型为矮生嵩草—杂类草型。

沼泽类约占全市草原总面积的0.05%，主要草地类型为水麦冬型。

第一章 日喀则市草原概况

第一章 日喀则市草原概况

第一章 日喀则市草原概况

第二章

工作照片

第二章 工作照片

第二章 工作照片

第三章
各县（区）主要草原类型景观照

第三章 各县（区）主要草原类型景观照

康马县高寒草原景观

康马县高寒草甸景观

江孜县高寒草甸景观

江孜县温性草原景观

第三章 各县（区）主要草原类型景观照

岗巴县高寒草原景观

岗巴县高寒草甸景观

第三章 各县（区）主要草原类型景观照

谢通门县高寒草甸景观

谢通门县温性草原景观

桑珠孜区高寒草甸景观

第三章 各县（区）主要草原类型景观照

桑珠孜区沼泽景观（本页图片均为王建鹏拍摄）

昂仁县高寒草甸景观

白朗县高寒草甸景观

第三章 各县（区）主要草原类型景观照

白朗县温性草原景观

亚东县高寒草原景观

亚东县高寒草甸景观

定结县高寒草甸景观

第三章 各县（区）主要草原类型景观照

定结县高寒草原景观

定日县高寒草甸景观

第三章 各县（区）主要草原类型景观照

定日县高寒草原景观

萨嘎县高寒草原景观

第三章 各县（区）主要草原类型景观照

萨嘎县高寒草甸景观

萨迦县温性草原景观

萨迦县高寒草甸景观

萨迦县高寒草原景观

拉孜县高寒草原景观

拉孜县高寒草甸景观

第三章　各县（区）主要草原类型景观照

拉孜县高寒草原景观

吉隆县高寒草甸景观

仁布县温性草原景观

仁布县高寒草甸景观

第三章 各县（区）主要草原类型景观照

南木林县高寒草甸景观

聂拉木县高寒草甸景观

聂拉木县高寒草原景观

第三章 各县（区）主要草原类型景观照

仲巴县高寒草原景观

第四章

日喀则草原常见植物

【中文学名】蕨

【拉丁学名】*Pteridium aquilinum* var. *latiusculum*

【隶属关系】碗蕨科蕨属

【主要形态特征】多年生草本。根状茎长而横走，密被锈黄色柔毛。叶片阔三角形或长圆三角形，先端渐尖，基部圆楔形，三回羽状。羽片对生或近对生，斜展，三角形二回羽状。小羽片互生，斜展，披针形，先端尾状渐尖，基部近平截，具短柄，一回羽状。裂片平展，长圆形，基部不与小羽轴合生。中部以上的羽片逐渐变为一回羽状，长圆披针形。叶轴及羽轴均光滑。

【生境及分布】生于山地阳坡及森林边缘阳光充足的地方。分布于中国各地，但主要分布于长江流域及以北地区，亚热带地区也有分布。

【资源评价】根状茎提取的淀粉称蕨粉，供食用。根状茎的纤维可制绳缆，能耐水湿。嫩叶可食，称蕨菜。全株均入药，主要功效在于清热利湿、消肿和安神等方面，对发热、痢疾、湿热黄疸和高血压等疾病具有很好的疗效，又可作驱虫剂。

【中文学名】高山瓦韦

【拉丁学名】*Lepisorus eilophyllus*（Diels）Ching

【隶属关系】水龙骨科瓦韦属

【主要形态特征】附生植物。根状茎横走，密被鳞片，鳞片黑褐色。叶近生，纤细，光滑，披针形，顶端钝尖或钝圆，基部楔形，两侧常不对称，全缘，灰绿色，孢子囊群圆形，生于叶边和主脉之间，彼此以两倍宽的间隔分开。隔丝卵状披针形，边缘具长刺齿，棕褐色。

【生境及分布】附生于林下树干或岩石上。分布于陕西、甘肃、湖北、四川、云南、贵州及西藏等省区。

【资源评价】以全草入药，具有祛风利湿和止血的功效。用于风湿疼痛、腰痛、小便不利、崩漏、白带和鼻衄。

【中文学名】香柏

【拉丁学名】*Sabina Pingii*（Ferré）Cheng et W. T. Wang var. *wilsonii*（Rehd.）Cheng et L. K. Fu

【隶属关系】柏科圆柏属

【主要形态特征】匍匐灌木，稀小乔木。枝条匍匐状，枝梢上部向下弯曲。叶刺形，排列紧密，3叶轮生。球果卵圆形，熟时黑色，有光泽，含种子1粒。

【生境及分布】生于海拔2 600～4 900m的高山地带。分布于陕西、甘肃、四川、云南及西藏等省区。

【资源评价】果实入药，有祛风散寒和活血解毒的功效。藏药中果实入药用于治疗便秘、痛风病和关节炎等。叶子在当地用于熏香，茎用作建筑木材。

【中文学名】单子麻黄

【拉丁学名】*Ephedra monosperma* Cemlin ex C. A. Mey.

【隶属关系】麻黄科麻黄属

【主要形态特征】草本状矮小灌木。高5~15cm。小枝圆筒形，具节，节间有多数细纵槽纹。叶退化成膜质，对生或轮生，联合成鞘状。雌球花成熟时肉质红色，卵圆形或矩圆状卵圆形。种子外露，多为1粒。

【生境及分布】多生于山坡、岩石缝或林木稀少的干燥地区。分布于黑龙江、河北、山西、内蒙古、新疆、青海、宁夏、甘肃、四川及西藏等省区。

【资源评价】含生物碱，可供药用。有固沙保土的作用。藏药用于药浴，具有止血、疏通经络和健脾的功效。

【中文学名】山岭麻黄

【拉丁学名】*Ephedra gerardiana* Wall. ex C. A. Mey.

【隶属关系】麻黄科麻黄属

【主要形态特征】矮小灌木。高5～15cm。木质茎极短，不显著；小枝直立向上或稍外展，深绿色，纵槽纹明显较粗。叶2裂，下部1/2以上合生，上部裂片三角形，先端锐尖，通常向外折曲。雌雄同株，苞片2～3对，基部1/4～1/3合生；种子1～2粒，包于苞片内，矩圆形，上部微尖窄，黑紫色，微被白粉，背面微具细纵纹。

【生境及分布】生于海拔3 900～5 000m的干旱山坡地带。在西藏分布较广。

【资源评价】山岭麻黄与藏麻黄相近，甚至被认为是同种。具有发汗解表、平喘止咳和利尿消肿的功效。

【中文学名】高原荨麻

【拉丁学名】*Urtica hyperborea* Jacq. ex Wedd.

【隶属关系】荨麻科荨麻属

【主要形态特征】多年生草本。茎高10～50cm，茎上部钝四棱形。叶边缘有6～11枚整齐的锯齿。茎、叶有刺毛和稀疏的微柔毛。花序短穗状。瘦果长圆状卵形，扁而光滑。

【生境及分布】生于高山石砾地、岩缝或山坡草地。分布于新疆、西藏、四川、甘肃及青海等省区。

【资源评价】茎皮纤维可作纺织原料，茎叶可作饲料。在藏药中主要用于健胃，可治疗"培根"病。茎叶幼嫩时可作蔬菜食用。

【中文学名】菱叶大黄

【拉丁学名】*Rheum rhomboideum* A. Los.

【隶属关系】蓼科大黄属

【主要形态特征】多年生矮草本。无茎，高10~15cm。叶基生，菱形，革质，皱褶多，下面密生小凸起。翅果连翅近圆形，顶端微凹或近平直。

【生境及分布】生于海拔1 200~5 400m山坡草地或河滩草地。分布于陕西、四川、湖北、贵州、云南、河南及西藏等省区。

【资源评价】根及根状茎含大黄蒽苷和大黄鞣苷，为常用的泻药，并且有凉血解毒的功效。新生叶可食用。

【中文学名】塔黄

【拉丁学名】*Rheum nobile* Hook. f. et Thoms.

【隶属关系】蓼科大黄属

【主要形态特征】多年生高大草本。高1~2m。茎直立，粗壮，不分枝，具多数茎生叶及大型苞片。基生叶卵圆形或近圆形，先端圆钝，基部浅心形；苞片卵圆形或圆形，膜质，淡黄色，具网状脉，反折，遮盖花序。花序5~8枝成丛，总状种子心状卵形。

【生境及分布】生于海拔4 000~4 800m的高山石滩及湿草地。分布于西藏喜马拉雅山麓及云南西北部。

【资源评价】全草可治疗"黄水"病、恶性腹水、心热、烦躁和口干舌燥。根可治疗"培根"病和赤巴病引起的热性病、泻痢、大便秘结、胸腹胀满和气喘。茎、叶可治疗"培根"病。

【中文学名】巴天酸模

【拉丁学名】*Rumex patientia* L.

【隶属关系】蓼科酸模属

【主要形态特征】多年生草本。高50～150cm。茎直立，粗壮。基生叶和茎下部叶长椭圆形或长圆状披针形，边缘皱波状。圆锥花序大型；花两性；结果时内轮花被片宽达5mm以上，边缘全缘或有不明显的微缺刻，中脉基部常具瘤状体。瘦果卵形，具3锐棱。

【生境及分布】生于村边、路旁、潮湿地和水沟边。分布于中国东北、华北、西北地区，山东、河南、湖南、湖北、四川及西藏等省区。

【资源评价】药用部位为根，具有止血、清热、利水和通便的功效。

【中文学名】尼泊尔酸模

【拉丁学名】*Rumex nepalensis* Spreng.

【隶属关系】蓼科酸模属

【主要形态特征】多年生草本。叶长圆状卵形或卵状披针形，基部心形，全缘，无毛，基生叶具柄。花序圆锥状，花两性；花梗中下部具关节；花被6，紫红色，内花被片果时增大，宽卵形，基部平截，每侧具7~8刺状齿，顶端钩状，部分或全部具小瘤。瘦果卵形，具3锐棱。

【生境及分布】生于海拔1 000~4 300m山坡路旁、山谷草地。分布于陕西南部、甘肃南部、青海西南部、湖南、湖北、江西、四川、广西、贵州、云南及西藏等省区。

【资源评价】根叶入药，具有止血和止痛的功效。

【中文学名】水生酸模

【拉丁学名】*Rumex aquaticus* L.

【隶属关系】蓼科酸模属

【主要形态特征】多年生草本。茎直立，单一，常上部分枝，具沟槽。基生叶和茎下部叶长圆状卵形或卵形，边缘波状。花序圆锥状，狭窄；花两性；花梗纤细，丝状，中下部具关节；内花被片果时增大，卵形，顶端尖，基部近截形，边缘近全缘，全部无小瘤。瘦果椭圆形，两端尖，具3锐棱。

【生境及分布】生于河岸湖岩、草甸、林下或山沟中。分布于黑龙江、吉林、山西、陕西、宁夏、甘肃、青海、西藏、新疆、湖北西部及四川等省区。

【资源评价】根可供药用，主治消化不良。

【中文学名】叉枝蓼

【拉丁学名】*Polygonum tortuosum* D. Don

【隶属关系】蓼科蓼属

【主要形态特征】半灌木，茎直立，高30～50cm，红褐色，无毛或被短柔毛，具叉状分枝。叶卵状或长卵形，近革质，边缘全缘，具缘毛，有时略反卷，呈微波状，近无柄。花序圆锥状，顶生，花排列紧密；苞片膜质，被柔毛；花梗粗壮，无关节；花被5深裂，钟形，白色，花被片倒卵形。瘦果卵形。花期7—8月，果期9—10月。

【生境及分布】生于海拔3 600～4 900m的山坡草地或山谷灌丛。主要分布于西藏。

【资源评价】全草用于胃炎、大小肠积热、热泻腹痛和肺热音哑等症状的治疗。根及根茎供药用，具有清热解毒和止泻的功效。茎叶可作动物饲料。

【中文学名】珠芽蓼

【拉丁学名】*Polygonum viviparum* L.

【隶属关系】蓼科蓼属

【主要形态特征】多年生草本。茎直立，高10～40cm。根状茎粗壮。叶长卵形或卵状披针形，全缘，向下反卷，顶端渐尖，茎生叶较小。总状花序呈穗状，下部生珠芽。瘦果卵形，具3棱。

【生境及分布】生于海拔1 200～5 100m的山坡林下、高山或亚高山草甸。分布于中国东北、华北、西北及西南地区。

【资源评价】根状茎可入药，有清热解毒和止血散瘀的功效。草质柔软，营养较好，特别是果实成熟后富含蛋白质，是牲畜催肥抓膘的良质饲料。在藏药中入药，具有止泻的功效。

【中文学名】圆穗蓼

【拉丁学名】*Polygonum macrophyllum* D. Don

【隶属关系】蓼科蓼属

【主要形态特征】多年生草本。茎直立，根状茎粗壮。基生叶长圆形或宽披针形，全缘，顶端急尖，向下反卷，茎生叶较小。花序紧密，总状，呈短穗状。瘦果卵形，黄褐色，有光泽。

【生境及分布】生于海拔3 000～5 000m的山坡林下、高山或亚高山草甸。分布于四川、云南、贵州、西藏、青海、甘肃及陕西等省区。

【资源评价】种子富含淀粉，是很好的牧草。在藏药中可入药，具有止泻的功效。

【中文学名】西伯利亚蓼

【拉丁学名】*Polygonum sibiricum* Laxm.

【隶属关系】蓼科蓼属

【主要形态特征】多年生草本。高10～25cm。根状茎细长。叶片长椭圆形或披针形，顶端急尖或钝，基部戟形或楔形，边缘全缘；托叶鞘筒状，膜质。花序圆锥状，顶生，花排列稀疏；苞片漏斗状，无毛；花梗短、中上部具关节；花被5深裂，黄绿色，花被片长圆形。瘦果卵形，具3棱，黑色，有光泽，包于宿存的花被内或凸出。

【生境及分布】生于海拔30～5 100m的路边、湖边、河滩、山谷湿地或沙质盐碱地。分布于内蒙古、陕西、甘肃、云南、四川及西藏等省区。

【资源评价】具有疏风清热和利水消肿的功效。主治目赤肿痛、皮肤湿痒、水肿和腹水。

【中文学名】细叶西伯利亚蓼

【拉丁学名】*Polygonum sibiricum* Laxm. var. *thomsonii* Meisn. ex Stew.

【隶属关系】蓼科蓼属

【主要形态特征】多年生草本。根状茎细弱，植株矮小，高2~5cm。叶极狭窄，线形，稍肥厚，近肉质，基部通常为戟形。圆锥花序小。瘦果椭圆形，具3棱。

【生境及分布】生于海拔3 500~5 100m的湖滨沙砾地、盐湖边、河滩沙地或河滩草地的盐碱土。分布于黑龙江、吉林、辽宁、内蒙古、河北、山西、甘肃、山东、江苏、四川、云南及西藏等省区。

【资源评价】本变种是西伯利亚蓼物种变种所得，可作动物饲料。

【中文学名】酸模叶蓼

【拉丁学名】*Polygonum lapathifolium* L.

【隶属关系】蓼科蓼属

【主要形态特征】一年生草本。茎直立具分枝，无毛，节部膨大。叶片披针形，顶端渐尖，基部楔形；叶柄短，托叶鞘膜质，管状，无毛。圆锥花序由数个花穗组成；花穗顶生或腋生，较紧密，近直立，具长梗，侧生花穗较小，被腺；苞片漏斗状，先端斜形，边缘具稀疏短缘毛，内含数花；花被淡绿色或粉红色。瘦果宽卵形，双凹，黑褐色，有光泽。

【生境及分布】生于海拔30～3 900m的田边、路边、水边、荒地或沟边湿地。分布于中国各省区市。

【资源评价】全草入药，清热解毒，利湿止痒，可治疗肠炎和痢疾。果实可入药，为利尿剂，主治水肿和疮毒；用鲜茎叶与食盐揉后捣成汁，外用可敷疮肿和蛇毒。

【中文学名】灰绿藜

【拉丁学名】*Chenopodium glaucum* L.

【隶属关系】藜科藜属

【主要形态特征】一年生草本。茎自基部分枝，密生长硬毛，平铺或斜升，具淡紫色或白色条棱。叶互生有短柄，叶片厚，带肉质，椭圆状卵形至卵状披针形，顶端急尖或钝，边缘有波状齿，基部渐狭，表面绿色，背面灰白色、密被粉粒，中脉明显；叶柄短。花簇短穗状，腋生或顶生。种子扁圆，暗褐色。

【生境及分布】生于农田、菜园、村房或水边等有轻度盐碱的土壤上。主要分布于中国东北、华北、西北及浙江、湖南等省区。

【资源评价】灰绿藜的药用价值很高，常食可健身，并能治疗头昏目眩和高血压等症，是不可多得的保健食品之一。它还有饲用价值，可做猪饲料。盐碱地种植灰绿藜可降低土壤含盐量，增加土壤有机质，有明显改良土壤性质的作用。

【中文学名】藜

【拉丁学名】*Chenopodium album* L.

【隶属关系】苋科藜属

【主要形态特征】一年生草本。茎直立，粗壮，具条棱及绿色或紫红色色条，多分枝。叶片菱状卵形至宽披针形，边缘具不整齐锯齿。花两性，花簇于枝上部排列成或大或小的穗状圆锥状或圆锥状花序。果皮与种子贴生。种子横生，双凸镜状，边缘钝，黑色，有光泽，表面具浅沟纹。

【生境及分布】生于田间、地边、路旁及房前屋后。中国各省区市均有分布。

【资源评价】幼苗可作蔬菜用，营养丰富，具养生保健作用，是一种环保的野生菜肴。茎叶可喂家畜，全草又可入药，能止痒，可治疗痢疾腹泻。配合野菊花煎外洗，治疗皮肤湿毒及周身发痒。

【中文学名】尼泊尔猪毛菜

【拉丁学名】*Salsola nepalensis* Grub.

【隶属关系】苋科猪毛菜属

【主要形态特征】一年生草本。高20～40cm。茎自基部分枝，密生长硬毛，具淡紫色或白色条棱。叶圆柱状，肉质，具硬毛，顶端具刺尖。花被片果时自背部生膜质翅，翅以上部分聚集成圆锥体。种子横生。花期6—7月。

【生境及分布】生于海拔3 500～4 000m的山坡、山谷、河滩和砾石地。主要分布于西藏。

【资源评价】主治高血压和头痛等。部分饲料缺乏地区用作牲畜饲料。

【中文学名】驼绒藜

【拉丁学名】*Ceratoides latens*（J. F. Gmelin）Reveal et N. H. Holmgren

【隶属关系】苋科驼绒藜属

【主要形态特征】半灌木。植株高0.1～1m，分枝多集中于下部，斜展或平展。叶较小，条形、条状披针形、披针形或矩圆形。雄花在枝端集成穗状花序；雌花腋生，无花被；苞片2，全生成管。果直立，椭圆形，被毛。

【生境及分布】生于戈壁、荒漠、半荒漠、干旱山坡或草原中。主要分布于新疆、西藏、青海、甘肃及内蒙古等省区。

【资源评价】驼绒藜为中上等饲用半灌木，含有较高的粗蛋白质、钙及无氮浸出物，牲畜采食其当年生枝条。还具有防风固沙和保持水土的作用。抗旱、耐寒并且耐瘠薄，在干旱的荒漠地区有引种驯化价值，是改良天然草场最有前途的植物之一。部分区域可作野菜食用。

【中文学名】粉花雪灵芝

【拉丁学名】*Arenaria shannanensis* L. H. Zhou

【隶属关系】石竹科无心菜属

【主要形态特征】多年生垫状草本。根细长，木质化。叶钻形，顶端锐尖。花单生于小枝顶端；无花梗；花瓣5，粉红色。

【生境及分布】生于海拔4 300～4 900m的山坡或高山草甸。分布于西藏。

【资源评价】藏药中全草入药，主治肺部炎症。也可用作动物饲料。

【中文学名】腺女娄菜

【拉丁学名】*Melandrium glandulosum*（Maxim.）F. N. Williams

【隶属关系】石竹科女娄菜属

【主要形态特征】一年生或二年生草本。全株密被腺毛。叶全缘；基生叶较密，长椭圆形；茎生叶长椭圆形或椭圆状披针形。花3~4朵，呈聚伞花序；花萼钟形，萼脉10；花大，花瓣5，2裂，喉部具2鳞片状附属物，花瓣爪与花丝基部被稀疏的柔毛。蒴果背面具瘤状凸起。

【生境及分布】生于海拔450~4 500m的平原、丘陵、山地、山坡草地或旷野路旁草丛中。中国大部分省区市有分布。

【资源评价】皂类植物，当地用于洗涤衣物。根为藏药，可治疗耳鸣。

【中文学名】露蕊乌头

【拉丁学名】*Aconitum gymnandrum* Maxim.

【隶属关系】毛茛科乌头属

【主要形态特征】一年生草本。茎被柔毛，常分枝。叶片宽卵形或三角状卵形，3全裂。总状花序有6~16花，萼片蓝紫色，少有白色，上萼片船形，侧萼片近圆形；雄蕊裸露，花丝疏被短毛；心皮6~13。种子倒卵球形，密生横狭翅。

【生境及分布】生于海拔1 550~3 800m的山地草坡、田边草地或河边砂地。分布于西藏、四川西部、青海及甘肃南部等省区。

【资源评价】祛风镇痛。根：治疗关节疼痛；花：治疗麻风；叶：内服驱虫。碾末撒布，治疗疥癣。

【中文学名】伏毛铁棒锤

【拉丁学名】*Aconitum flavum* Hand. -Mazz.

【隶属关系】毛茛科乌头属

【主要形态特征】多年生草本。茎直立通常不分枝。上部叶排列稠密，外廓卵形，两面均无毛。总状花序顶生或腋生；花序密被反曲；苞片线形，花梗粗短；萼片黄绿色或紫色，宽倒卵圆形，下萼片长圆形或长椭圆形，花瓣无毛或疏被短柔毛；雄蕊花丝无毛或被疏短柔毛，全缘。蓇葖果被短柔毛或近无毛；种子倒卵状三棱形。

【生境及分布】生于海拔2 000～3 700m山地草坡或疏林下。分布于四川、西藏、青海、甘肃、宁夏及内蒙古等省区。

【资源评价】块根有剧毒，药用治疗跌打损伤和风湿关节痛等。人或牲畜不慎入口可致身亡。藏药中可用于治疗各种炎症。

【中文学名】甘青铁线莲

【拉丁学名】*Clematis tangutica*（Maxim.）Korsh.

【隶属关系】毛茛科铁线莲属

【主要形态特征】木质落叶藤本。茎长达4m，在干旱沙质或沙砾质生境下为直立灌木，高约30cm。叶一或二回羽状复叶，小叶3~7，下部浅裂至全裂，裂片边缘有锯齿。花单生；萼片4，黄色，外面疏被柔毛，边缘被白绒毛。瘦果倒卵形。花期6—8月，果期9—10月。

【生境及分布】生于山坡、河滩、水沟边、高原草地或灌丛中。分布于陕西、甘肃、青海、新疆、四川及西藏等省区。

【资源评价】全草入药，健胃消食，可治疗消化不良、恶心，并有排脓、除疮和消痞散结等作用。

【中文学名】西藏铁线莲

【拉丁学名】*Clematis tenuifolia* Royle

【隶属关系】毛茛科铁线莲属

【主要形态特征】木质藤本。茎有纵棱，老枝无毛，幼枝被疏柔毛。花大，单生，少数为聚伞花序有3花；萼片4，黄色、橙黄色、黄褐色、红褐色或紫褐色，宽长卵形或长圆形。瘦果狭长倒卵形。

【生境及分布】生于海拔2 210～4 800m的小坡、山谷草地或灌丛中，或河滩、水沟边。在西藏南部、东部和四川西南部有分布。

【资源评价】具有垂直绿化和美化景观的功能，主要方式有廊架、绿亭、立柱、墙面、造型、篱垣和栅栏。

【中文学名】矮金莲花

【拉丁学名】*Trollius farreri* Stapf

【隶属关系】毛茛科金莲花属

【主要形态特征】多年生草本。全株无毛。茎单一，光滑，不分枝。叶3~6枚生茎基部或近基部处；叶片五角形或五角状卵形，基部深心形。花单一顶生，萼片5，黄色，倒卵形或卵形，花瓣匙状线形。种子椭圆球形，稍扁。

【生境及分布】生于海拔3 500~4 700m的沼泽草甸或林间草地。分布于云南、四川、西藏、青海、甘肃及陕西等省区。

【资源评价】含黄酮类成分，具有抗菌、抗病毒活性的功效，对上呼吸道炎症、急慢性咽炎和扁桃体炎有较好的疗效，可治疗感冒。对于开发天然的抗炎药物具有良好的前景。

【中文学名】花葶驴蹄草

【拉丁学名】*Caltha scaposa* Hook. f. et Thoms.

【隶属关系】毛茛科驴蹄草属

【主要形态特征】多年生低矮草本。植株无毛，茎高约15cm。叶片心状卵形或三角状卵形，顶端圆形，基部心形，边缘全缘。基生叶具长柄，叶柄基部具膜质狭鞘。花单生茎顶，或2朵形成单歧聚伞花序；萼片5~7，黄色；心皮5~8。

【生境及分布】生于海拔3 000~5 400m的高山草地、沼泽或河边草地。分布于西藏、云南、四川、青海及甘肃等省区。

【资源评价】中药又名马蹄叶。具有祛风散寒的功效。可治疗头目昏眩及周身疼痛。花可供观赏。

【中文学名】囊距翠雀花

【拉丁学名】*Delphinium brunonianum* Royle

【隶属关系】毛茛科翠雀属

【主要形态特征】多年生草本。茎高10~34cm，被短柔毛和黄色腺毛。叶掌状深裂或全裂，裂片具小裂片或粗齿，被柔毛。伞房花序具2~4花；花梗密被柔毛和黄色腺毛；萼片蓝紫色，外面有短腺毛，距囊状；花瓣和退化雄蕊黑紫色，花期7—8月。

【生境及分布】生于海拔4 500~6 000m的高山草地或岩石附近。主要分布于西藏。

【资源评价】具有凉血解毒和祛风止痒的功效。主治流行性感冒、皮肤痒疹和蛇咬伤等。

【中文学名】白蓝翠雀花

【拉丁学名】*Delphinium albocoeruleum* Maxim.

【隶属关系】毛茛科翠雀属

【主要形态特征】多年生草本。茎高40~60cm，被反曲的短柔毛。基生叶在开花时枯萎或存在，下部叶有长柄；叶片五角形，3裂至近基部，一回裂片偶尔浅裂，通常一至二回深裂，小裂片狭卵形或披针形。伞房花序有3~7花；萼片蓝紫或蓝白色，被柔毛，距圆筒状钻形或钻形；花瓣无毛；退化雄蕊黑褐色，2浅裂或裂至中部，腹面中央被黄色髯毛。

【生境及分布】生于海拔3 600~4 700m的山地草坡或圆柏林下。分布于四川、西藏、青海及甘肃等省区。

【资源评价】由于翠雀花清雅秀丽、花期长，可作为簇植花卉，布置花坛、花境或在草坪、道路边缘栽植。

【中文学名】蓝翠雀花

【拉丁学名】*Delphinium caeruleum* Jacq. ex Camb.

【隶属关系】毛茛科翠雀属

【主要形态特征】多年生草本。茎高8~60cm，与叶柄均被反曲的短柔毛。基生叶有长柄，叶片近圆形，3全裂。伞房花序常呈伞状，下部苞片叶状或3裂；花梗细，与轴密被反曲的白色短柔毛；小苞片披针形；萼片紫蓝色，椭圆状倒卵形或椭圆形，花瓣蓝色，无毛；腹面被黄色髯毛；花丝疏被短毛或无毛；心皮5，子房密被短柔毛。

【生境及分布】生于海拔2 100~4 000m的山地草坡或多石砾山坡。分布于西藏、四川西部、青海及甘肃等省区。

【资源评价】根：散寒，通经络。花：利水，止泻。用于白痢；外用于化脓性疮疡。用于治疗牙痛以及跌打损伤。藏药中用于治疗肺炎及流行性病毒引起的疾病。

【中文学名】草玉梅

【拉丁学名】*Anemone rivularis* Buch. -Ham. ex DC.

【隶属关系】毛茛科银莲花属

【主要形态特征】多年生草本。根状茎木质。叶基生，有长柄，掌状分裂。花葶直立；聚伞花序；萼片蓝色或紫色，偶尔白色，苞片形成总苞，与基生叶相似，花瓣不存在；花丝丝形，子房有1颗下垂的胚珠。瘦果狭卵球形，稍扁，宿存花柱钩状弯曲。花期5—8月。

【生境及分布】生于海拔3 200～4 600m的山地草坡或疏林中。分布于四川西部、甘肃西南部、青海东南部和南部及西藏东部和南部。

【资源评价】根状茎和叶供药用，治疗喉炎、扁桃腺炎、肝炎、痢疾和跌打损伤等。

【中文学名】三裂碱毛茛

【拉丁学名】*Halerpestes tricuspis*（Maxim.）Hand. -Mazz.

【隶属关系】毛茛科碱毛茛属

【主要形态特征】多年生匍匐小草本。茎纤细伸长。基生叶，质地较厚，形态多变异，菱状楔形至宽卵形，3浅裂至3中裂或3深裂，有时侧裂片2～3裂或有齿。花单生，花瓣5，黄色或表面白色，狭椭圆形。聚合果近球形。花果期5—8月。

【生境及分布】生于海拔3 000～5 000m的盐碱性湿草地。分布于西藏、四川西北部、陕西、甘肃、青海及新疆等省区。

【资源评价】清热解毒，主治烧伤和烫伤。可用作动物饲料。

【中文学名】云生毛茛

【拉丁学名】*Ranunculus longicaulis* C. A. Mey. var. *nephelogenes*（Edgew.）L. Liou

【隶属关系】毛茛科毛茛属

【主要形态特征】多年生草本。茎直立，高3~12cm，单一呈葶状或有2~3个腋生短分枝，近无毛。基生叶多数，叶片呈披针形至线形，或外层的呈卵圆形，长1~5cm，宽2~8mm，全缘，基部楔形，有3~5脉，近革质，通常无毛；叶柄长1~4cm，有膜质长鞘。

【生境及分布】生于海拔3 000~000m的高山草甸、河滩湖边及沼泽草地。分布于西藏、云南、甘肃、四川及青海等省区。

【资源评价】全草入药，具有清热解毒、利尿解表、提胃温、敛溃破和消痞积的功效。藏药用于健胃，治疗"培根"病。可作动物饲料。

【中文学名】桃儿七

【拉丁学名】*Sinopodophyllum hexandrum*（Royle）T. S. Ying

【隶属关系】小檗科桃儿七属

【主要形态特征】多年生草本。植株高20～50cm。茎直立，单生，具纵棱。叶2枚，薄纸质，非盾状，基部心形，3～5深裂几达中部，裂片不裂或有时2～3小裂，裂片先端急尖或渐尖，上面无毛，背面被柔毛，边缘具粗锯齿。花单生，花瓣6，倒卵形或倒卵状长圆形。浆果卵圆形，熟时橘红色；种子卵状三角形，红褐色，无肉质假种皮。

【生境及分布】生于海拔2 000～4 100m的山地草丛中或林下。分布于陕西、甘肃、青海、四川、云南及西藏等省区。

【资源评价】具有祛风除湿、活血止痛和祛痰止咳的功效。治疗风湿痹痛、跌打损伤、月经不调、痛经、脘腹疼痛和咳嗽等。

【中文学名】多刺绿绒蒿

【拉丁学名】*Meconopsis horridula* Hook. f. et Thoms.

【隶属关系】罂粟科绿绒蒿属

【主要形态特征】一年生草本。高15～20cm。具黄色液汁。叶全部基生，叶片披针形，边缘全缘或波状。花芽近球形，花瓣4～8，宽倒卵形，蓝紫色；子房圆锥状。蒴果倒卵形或椭圆状长圆形。花果期6—9月。

【生境及分布】生于海拔4 100～5 400m的山坡石缝中。分布于西藏、云南、四川、青海及甘肃等省区。

【资源评价】具有活血化瘀、镇痛、燥湿和利咽的功效，主治跌打损伤。

【中文学名】全缘叶绿绒蒿

【拉丁学名】*Meconopsis integrifolia*（Maxim.）Franch.

【隶属关系】罂粟科绿绒蒿属

【主要形态特征】一年生至多年生草本。全体被锈色和金黄色平展或反曲、具多短分枝的长柔毛。主根粗约1cm，向下渐狭，具侧根和纤维状细根。茎粗壮，高达150cm，粗达2cm，不分枝，具纵条纹，幼时被毛，老时近无毛，基部盖以宿存的叶基，叶基密被具多短分枝的长柔毛。

【生境及分布】生于海拔2 700～5 100m的高山灌丛下或林下、草坡、山坡、草甸。分布于甘肃、青海、四川、云南及西藏等省区。

【资源评价】主要含有机酸、挥发油、糖类、鞣质、生物碱、香豆素等成分。为中药绿绒蒿的药材基源之一。

【中文学名】细果角茴香

【拉丁学名】*Hypecoum leptocarpum* Hook. f. et Thoms.

【隶属关系】罂粟科角茴香属

【主要形态特征】一年生草本。茎丛生，多分枝，常铺散于地上。基生叶多，窄倒披针形，二回羽状全裂，叶片蓝绿色。花茎多数，花小，二歧聚伞花序；萼片卵形或卵状披针形；花瓣4，淡紫色。蒴果直立，圆柱形，常节裂。

【生境及分布】生于海拔3 000～5 000m的盐碱性湿草地。分布于西藏、四川西北部、陕西、甘肃、青海及新疆等省区。

【资源评价】全草入药，解热镇痛，消炎解毒。可治疗伤风感冒、头疼、目赤和四肢关节病。

【中文学名】粗糙黄堇

【拉丁学名】*Corydalis scaberula* Maxim.

【隶属关系】罂粟科紫堇属

【主要形态特征】多年生草本。茎单生或丛生，铺散地面。叶片轮廓卵形，三回羽状分裂。总状花序，密集多花，呈卵球状，花瓣淡黄带紫色，开放后橙黄色，背部具鸡冠状凸起，距圆柱形。蒴果长圆形；种子圆形，种阜具细牙齿。

【生境及分布】通常生于海拔4 000m左右的高山草甸。主要分布于青海、四川及西藏。

【资源评价】叶片和根茎是传统中药，主治流行感冒和高烧。

【中文学名】糙果紫堇

【拉丁学名】*Corydalis trachycarpa* Maxim.

【隶属关系】罂粟科紫堇属

【主要形态特征】多年生粗壮直立草本。须根多数成簇，棒状增粗。茎少分枝，具细棱。叶片轮廓宽卵形，二至三回羽状分裂。总状花序，多花密集，花乳白色或灰白色；子房绿色，椭圆形。蒴果狭倒卵形；种子少数，近圆形，黑色，具光泽。

【生境及分布】生于海拔3 300~4 200m的高山草地或多石砾处。分布于青海、甘肃、四川及西藏等省区。

【资源评价】全草具有解表退热和清热利湿的功效。用于治疗风热外感，也可治疗胆经湿热引起的寒热往来、口苦和两胁胀满等。

【中文学名】头花独行菜

【拉丁学名】*Lepidium capitatum* Hook. f. et Thoms.

【隶属关系】十字花科独行菜属

【主要形态特征】一年生或二年生草本。高5~15cm。茎多分枝，匍匐或近直立，分枝铺散，被腺毛。叶羽状半裂，上部莲生叶较小，羽状半裂或仅有锯齿，无柄。总状花序腋生，近头状；花瓣白色，倒卵状楔形。短角果卵形，顶端微凹，有不明显翅，无毛。

【生境及分布】生于海拔2 400~4 700m的河滩、沙地、田边。分布于云南、青海、四川及西藏等省区。

【资源评价】藏药中于农历三月至四月采全草入药，具有化解瘀血的功效。可作河滩和沙地植被恢复的重要植物。也可用作动物饲料。

【中文学名】菥蓂

【拉丁学名】*Thlaspi arvense* L.

【隶属关系】十字花科菥蓂属

【主要形态特征】一年生草本。全株无毛，茎直立，具棱。基生叶倒卵状长圆形，顶端圆钝或急尖，基部抱茎，两侧箭形，边缘具疏齿；叶有柄。总状花序顶生；花白色；萼片直立，卵形，顶端圆钝；花瓣长圆状倒卵形，顶端圆钝或微凹。短角果倒卵形或近圆形，扁平，顶端凹陷；种子倒卵形，稍扁平，黄褐色，有同心环状条纹。

【生境及分布】生于平地路旁、沟边或村落附近。中国大部分省区市均有分布。

【资源评价】全草可入药，具有清肝明目和清热利尿等功效，主治肾炎和子宫内膜炎。

【中文学名】盐泽双脊荠

【拉丁学名】*Dilophia salsa* Thoms.

【隶属关系】十字花科双脊荠属

【主要形态特征】多年生草本。高1~6cm。全株无毛。叶线形或线状长圆形，顶端圆形，基部渐狭，全缘或有少数钝齿，有短柄或无柄；茎生叶线形，在花序下的成苞片状，二者皆肉质。总状花序成密伞房状；萼片卵形；花瓣白色，匙形。短角果倒心形。花果期6—9月。

【生境及分布】生于海拔2 200~5 500m的盐沼泽地或河滩沙地。分布于青海、新疆及西藏等省区。

【资源评价】可用作动物饲料，是一种具有开发提取产品前景的植物。

【中文学名】紫花糖芥

【拉丁学名】*Erysimum chamacephyton* Maxim.

【隶属关系】十字花科糖芥属

【主要形态特征】多年生草本。高1.5～3cm。全株有2叉"丁"字毛；根粗。茎短缩，根颈多头，或再分歧，在地面有多数叶柄残余。基生叶莲座状，叶片长圆状线形，顶端急尖，基部渐狭，全缘。花萼多数，直立，背面凸出；花瓣浅紫色，匙形，顶端圆形或截平，有脉纹，具爪。长角果长圆形，四棱，坚硬，顶端稍弯曲；种子卵形或长圆形。

【生境及分布】生于海拔3 400～5 500m的河谷、阶地、多石山坡或草滩。分布于青海、甘肃及西藏等省区。

【资源评价】藏药中以全草入药，具有助消化和解毒的功效。也可用作动物饲料。

【中文学名】小花糖芥

【拉丁学名】*Erysimum cheiranthoides* L.

【隶属关系】十字花科糖芥属

【主要形态特征】一年或二年生草本。茎直立，分枝或不分枝，有棱角，具2叉毛。基生叶莲座状；茎生叶披针形或线形，顶端急尖，基部楔形，边缘具深波状疏齿或近全缘。总状花序顶生；萼片长圆形或线形；花瓣浅黄色，顶端圆形或截形，下部具爪。长角果圆柱形，侧扁，稍有棱，具3叉毛；种子卵形，淡褐色。

【生境及分布】生于海拔500～2 000m的山坡、山谷、路旁及村旁荒地。中国除华南地区外，都有分布。

【资源评价】全草和种子中含有多种强心苷，具有显著的强心利尿及抗心律失常的功效。

【中文学名】四裂红景天

【拉丁学名】*Rhodiola quadrifida*（Pall.）Fisch. et Mey.

【隶属关系】景天科红景天属

【主要形态特征】多年生草本。主根长达18cm。叶密集互生，无柄，线形，全缘。伞房花序；花瓣紫红色。蓇葖果披针形，先端有反折的短喙。

【生境及分布】生于海拔3 000～5 700m的高山草甸、灌丛、山坡石缝、沼泽或溪流边。分布于西藏、四川、新疆、青海及甘肃等省区。

【资源评价】红景天属植物含红景天苷及酪醇，其根和根茎入药，甚至全株都可入药。广泛用于抗衰老、抗缺氧和提高脑力及体力机能等方面。藏药中还用于治疗咳血、咯血、肺炎和咳嗽等。

【中文学名】藏布红景天

【拉丁学名】*Rhodiola sangpo tibetana*（Frod.）S. H. Fu.

【隶属关系】景天科红景天属

【主要形态特征】多年生草本。高5cm。基生叶线状披针形，边缘卷曲成筒状。花茎直立或匍匐。伞房花序有3~10花；花瓣粉红色或紫红色，先端有宽的短尖；雄蕊10；心皮几乎分离，直立，长圆形。

【生境及分布】生于海拔4 000~5 000m的河滩砂砾地、砂质草地及石缝中。分布于西藏。

【资源评价】红景天属植物含红景天苷及酪醇，其根和根茎入药，甚至全株都可入药。广泛用于抗衰老、抗缺氧和提高脑力及体力机能等方面。藏药中还用于治疗咳血、咯血、肺炎和咳嗽等。

【中文学名】小景天

【拉丁学名】*Sedum fischeri* Raym. -Hamet

【隶属关系】景天科景天属

【主要形态特征】一年生草本。植株矮小,高1~2.5cm。花茎上升,自基部分枝。叶肉质,宽线形至狭长圆形,先端钝,基部有圆钝距。花序伞房状,有少数花;苞片叶状;花黄色,基部离生;心皮卵状长圆形,基部微合生。种子长圆状卵形,有细乳头状凸起。

【生境及分布】生于海拔4 300~5 600m的山坡草甸或山坡石缝中。分布于西藏及青海等省区。

【资源评价】藏药用于治疗流行性病毒及各种炎症。民间用此药材热敷镇痛。

【中文学名】山地虎耳草

【拉丁学名】*Saxifraga montana* H. Smith

【隶属关系】虎耳草科虎耳草属

【主要形态特征】多年生草本。丛生,茎疏被褐色卷曲柔毛。基生叶发达,具柄,叶片椭圆形、长圆形至线状长圆形,先端钝或急尖,无毛,叶柄基部扩大,边缘具褐色卷曲长柔毛;茎生叶披针形至线形。聚伞花序,稀单花;花梗被褐色卷曲柔毛,近卵形至近椭圆形,先端钝圆,边缘具卷曲长柔毛;花瓣黄色,倒卵形、椭圆形、长圆形、提琴形至狭倒卵形,先端钝圆或急尖,基部具爪。

【生境及分布】生于海拔2 700~5 300m的灌丛、高山草甸、高山沼泽化草甸和高山碎石隙。分布于陕西、甘肃、青海、四川、云南及西藏等省区。

【资源评价】具有清热解毒和平肝潜阳的功效。用于治疗肝胆湿热、脾胃湿热和痈肿疮毒,或肝阳上亢所致的头痛。

【中文学名】爪瓣虎耳草

【拉丁学名】*Saxifraga unguiculata* Engl.

【隶属关系】虎耳草科虎耳草属

【主要形态特征】多年生草本。丛生，小主轴分枝，具莲座叶丛，花茎具叶，莲座叶匙形至近狭倒卵形，先端具短尖头；茎生叶较疏，稍肉质，长圆形、披针形至剑形。花单生于茎顶，或聚伞花序；花瓣黄色，中下部具橙色斑点，狭卵形、近椭圆形、长圆形至披针形，先端急尖或稍钝，基部具爪，具不明显的2痂体或无痂体。

【生境及分布】生于海拔3 200～5 644m的林下、高山草甸或高山碎石隙。分布于甘肃、青海、四川及西藏等省区。

【资源评价】全草入药，味苦，寒。具有清肝胆之热和排脓敛疮的功效。用于治疗发烧和肺热咳嗽等。

【中文学名】黑蕊虎耳草

【拉丁学名】*Saxifraga melanocentra* Franch.

【隶属关系】虎耳草科虎耳草属

【主要形态特征】多年生草本。植株高4~19cm。茎直立，疏被白色卷曲腺柔毛。叶基生，具柄，卵形、菱状卵形至长圆状卵形，边缘有锯齿。聚伞花序伞房状，或为单花；花梗密被白色卷曲柔毛；花瓣白色，基部具2个橙黄色斑点；花药黑紫色。

【生境及分布】生于海拔3 000~5 300m的高山灌丛、高山草甸和高山碎山隙。分布于陕西、甘肃、青海、四川、云南及西藏等省区。

【资源评价】具有祛风清热和凉血解毒的功效，主治小儿发热和咳嗽气喘，外用于中耳炎、耳廓溃烂、疔疮、疖肿和湿疹。可作为园艺用途，布置庭园时，是假山水石的最佳装饰。

【中文学名】银露梅

【拉丁学名】*Potentilla glabra* Lodd.

【隶属关系】蔷薇科委陵菜属

【主要形态特征】灌木。小枝灰褐色或紫褐色，被稀疏柔毛。叶为羽状复叶。顶生单花或数朵，花梗细长，被疏柔毛；萼片卵形，花瓣白色，倒卵形，顶端圆钝；花柱近基生，棒状，基部较细，在柱头下缢缩，柱头扩大。瘦果表面被毛。

【生境及分布】生于海拔1 400～4 200m山坡草地、河谷岩石缝中、灌丛及林中。分布于内蒙古、河北、山西、陕西、甘肃、青海、安徽、湖北、四川、云南及西藏等省区。

【资源评价】适宜作庭园观赏灌木，也可用作建筑材料。叶与果含鞣质，可提制栲胶。嫩叶可代茶叶饮用。花、叶入药，具有健脾、化湿、清暑和调经的功效。

【中文学名】金露梅

【拉丁学名】*Potentilla fruticosa* L.

【隶属关系】蔷薇科委陵菜属

【主要形态特征】灌木。高0.5～2m。茎多分枝。羽状复叶有小叶5，稀3，小叶长7～20mm，边缘平坦或反卷，两面疏被毛或近无毛。花单生或数枚呈伞房状；花冠直径15～30mm；花瓣5，黄色，宽倒卵形。花期6—8月。

【生境及分布】生于海拔1 800～4 200m高山灌丛、高山草甸或山坡。分布于青海、甘肃、西藏、四川及云南等省区；东北和华北地区也有分布。

【资源评价】良好的观花树种。其叶可药用，有清暑热、健脾胃和调经的功效。也可用作动物饲料或建筑用材。

【中文学名】垫状金露梅

【拉丁学名】*Potentilla fruticosa* L. var. *pumila* Hook. f.

【隶属关系】蔷薇科委陵菜属

【主要形态特征】垫状小灌木。高5～10m。密集丛生。羽状复叶有小叶3～5，小叶片椭圆形，上面密被伏毛，下面网脉明显，叶边向下反卷。花单生枝顶；花瓣黄色。花期6月。

【生境及分布】生于海拔4 200～5 000m生高山草甸、灌丛中及砾石坡。分布于西藏。

【资源评价】枝叶茂密，黄花鲜艳，适宜作庭园观赏灌木，或作矮篱也很美观。叶与果含鞣质，可提制栲胶。嫩叶可代茶叶饮用。花、叶入药，具有健脾、化湿、清暑和调经的功效。藏民广泛用作建筑材料，填充在屋檐下或门窗上下。

【中文学名】钉柱委陵菜

【拉丁学名】*Potentilla saundersiana* Royle

【隶属关系】蔷薇科委陵菜属

【主要形态特征】多年生草本。根粗壮，圆柱形。茎高3～20cm，被白色绒毛及疏柔毛。基生叶为3～5掌状复叶；小叶无柄，边缘有多数缺口状锯齿，上面伏生稀疏柔毛，下面密被白色绒毛。聚伞花序顶生；花瓣黄色。

【生境及分布】生于高山灌丛草甸、山坡、河滩草地或沼泽草甸。分布于甘肃、宁夏、青海、陕西及西藏等省区。

【资源评价】全草入药，可治疗肝炎或高血压引起的发烧、神经性发烧、子宫出血和关节炎等。也可用作动物饲料。

【中文学名】蕨麻委陵菜

【拉丁学名】*Potentilla anserina* L.

【隶属关系】蔷薇科委陵菜属

【主要形态特征】多年生草本。根延长，常在根的下部形成纺锤形或椭圆形块根。茎匍匐，节上生根，向上长出新植株。基生叶为间断的或不间断的羽状复叶，叶柄被伏生长柔毛；小叶片顶端圆钝，边缘有缺刻状锯齿或呈裂片状，上面绿色，被疏柔毛或无毛，下面密被紧贴银白色绢毛；茎生叶与基生叶相似，唯小叶对数较少。花瓣黄色。

【生境及分布】喜潮湿环境和沙性土壤，生于海拔500～4 100m的河岸、路边、山坡草地及草甸。分布于黑龙江、吉林、陕西、甘肃、宁夏、青海、新疆、四川、云南及西藏等省区。

【资源评价】俗称"人参果"，根肥厚，含丰富淀粉，味香甜，有滋补作用，又可供甜制食品及酿酒用。根含鞣料，可提制栲胶，并可入药，作收敛剂。茎叶可提取黄色染料，又是蜜源植物和饲料植物。

【中文学名】二裂委陵菜

【拉丁学名】*Potentilla bifurca* L.

【隶属关系】蔷薇科委陵菜属

【主要形态特征】多年生草本。根圆柱形,纤细,木质。花茎直立或上升,密被疏柔毛或微硬毛。羽状复叶,叶柄密被疏柔毛或微硬毛,小叶片无柄,对生稀互生,椭圆形或倒卵形,顶端常2裂,稀3裂,基部楔形或宽楔形。近伞房状聚伞花序,顶生,疏散。花瓣黄色,倒卵形,顶端圆钝,比萼片稍长;心皮沿腹部有稀疏柔毛;花柱侧生,棒形,基部较细,顶端缢缩,柱头扩大。瘦果表面光滑。花果期5—9月。

【生境及分布】生于地边、水沟、山坡草甸、河滩草地或沙质地。分布于黑龙江、内蒙古、河北、山西、陕西、甘肃、宁夏、青海、新疆、四川及西藏等省区。

【资源评价】可作饲料植物。幼芽为藏药,有止血的作用。

【中文学名】黄刺玫

【拉丁学名】*Rosa xanthina* Lindl.

【隶属关系】蔷薇科蔷薇属

【主要形态特征】落叶灌木。小枝褐色或褐红色，具刺。奇数羽状复叶，近圆形或椭圆形，边缘有锯齿；托叶小，下部与叶柄连生，先端分裂成披针形裂片，边缘有腺体，近全缘。花黄色，单瓣或重瓣，无苞片。果球形，红黄色。

【生境及分布】生于向阳坡或灌木丛中。分布于中国东北、华北至西北地区。

【资源评价】可供观赏。是保持水土及园林绿化的优良树种。果实可食，可制果酱。花可提取芳香油。花、果入药，具有理气活血和调经健脾的功效。

【中文学名】砂生地蔷薇

【拉丁学名】*Chamaerhodos sabulosa* **Bunge**

【隶属关系】蔷薇科地蔷薇属

【主要形态特征】多年生草本。茎多数，丛生，平铺或上升，茎叶及叶柄均有短腺毛及长柔毛。基生叶莲座状，三回3深裂，小裂片长圆匙形；叶柄长1.5～2.5cm；托叶不裂；茎生叶少数或不存，似基生叶，3深裂，裂片2～3全裂或不裂。圆锥状聚伞花序顶生，多花，在花期初紧密后疏散；花瓣披针状匙形或楔形，白色或粉红色，先端圆钝；花丝无毛，比花瓣短；心皮常离生。瘦果卵形，褐色，有光泽。

【生境及分布】生于河边沙地或沙砾地。分布于内蒙古、新疆及西藏等省区。

【资源评价】本种和地蔷薇相似，但为多年生草本。

【中文学名】小叶栒子

【拉丁学名】*Cotoneaster microphyllus* Wall. ex Lindl.

【隶属关系】蔷薇科栒子属

【主要形态特征】矮生灌木。小枝红褐色至黑褐色，幼时有黄色柔毛，后脱落。叶倒卵形至矩圆状倒卵形，上面无毛或具稀疏柔毛，下面被带灰白色的短柔毛。花常单生，花梗甚短，花白色，花瓣平展，近圆形。果球形，红色，内常具2小核。

【生境及分布】喜光，也稍耐阴，多散生于海拔2 000～4 000m的高山湿润多石坡地，喜空气湿润环境。耐土壤干旱、瘠薄，也较耐寒，但不耐湿涝。分布于青海、甘肃、陕西、湖北及西藏等省区。

【资源评价】小叶栒子，枝横展，叶小枝密，花密集枝头，晚秋叶片颜色红亮，红果累累。是布置岩石园、庭院和绿地等处的良好材料。也可制作盆景。

【中文学名】伏毛山莓草

【拉丁学名】*Sibbaldia adpressa* Bunge

【隶属关系】蔷薇科山莓草属

【主要形态特征】多年生草本。花茎矮小，丛生，被绢状糙伏毛。基生叶为羽状复叶，有小叶2对，顶生小叶倒披针形或倒卵长圆形，顶端截形，基部楔形。聚伞花序数朵，或单花顶生；萼片三角卵形，副萼片长椭圆形，顶端圆钝或急尖，比萼片略长或稍短，外面被绢状糙伏毛；花瓣黄色或白色，倒卵长圆形。瘦果表面有显著皱纹。

【生境及分布】生于海拔600～4 200m的农田边、山坡草地、砾石地及河滩地。分布于黑龙江、内蒙古、河北、甘肃、青海、新疆及西藏等省区。

【资源评价】属于低等饲用牧草，牛、马和驴等大家畜很少采食。

【中文学名】隐瓣山莓草

【拉丁学名】*Sibbaldia procubens* L. var. *aphanopetala*（Hand. -Mazz）Yu et Li

【隶属关系】蔷薇科山莓草属

【主要形态特征】多年生草本。植株生长旺盛，高可达30cm，全身被糙伏毛，茎生叶1~2，副萼片狭长，披针形，与萼片近等长或稍短，但不短于一半，花瓣比萼片短1~4倍。花果期7—8月。

【生境及分布】生于海拔2 500~4 000m的山坡草地、岩石缝及林下。分布于陕西、甘肃、青海、四川、云南及西藏等省区。

【资源评价】全草入药，具有止咳、调经和祛瘀消肿的功效。

【中文学名】西藏草莓

【拉丁学名】*Fragaria nubicola*（Hook. f.）Lindl. ex Lacaita

【隶属关系】蔷薇科草莓属

【主要形态特征】多年生草本。匍匐枝纤细，花茎被紧贴白色绢状柔毛。叶为3小叶，稀开展，小叶具短柄或无柄，椭圆形或倒卵形，顶端圆钝，基部宽楔形或圆形，边缘有缺刻状急尖锯齿。花序有花1至数朵，花梗被白色紧贴绢状柔毛，萼片卵状披针形或卵状长圆形，顶端渐尖，副萼片披针形，顶端渐尖，全缘，稀有齿，外面被疏长毛；花瓣倒卵椭圆形。聚合果呈卵球形，宿存萼片紧贴果实；瘦果呈卵珠形，光滑或有脉纹。

【生境及分布】生于海拔2 500～3 900m的沟边林下、林缘及山坡草地。分布于西藏。

【资源评价】经济价值和观赏价值都比较高的水果。

【中文学名】斜茎黄耆

【拉丁学名】*Astragalus adsurgens* Pall.

【隶属关系】豆科黄耆属

【主要形态特征】多年生草本。根粗壮。茎多数或数个丛生，直立或斜上。羽状复叶，小叶长圆形、近椭圆形或狭长圆形。总状花序长圆柱状、穗状，花多；花冠近蓝色或红紫色。荚果长圆形。花期7—8月，果期8—10月。

【生境及分布】生于海拔1 100～4 200m的向阳山坡灌丛及林缘地带。分布于中国东北、华北、西北及西南地区。

【资源评价】种子入药，为强壮剂，可治疗神经衰弱，又是优良牧草和保土植物。

【中文学名】劲直黄耆

【拉丁学名】*Astragalus strictus* Grah. ex Benth.

【隶属关系】豆科黄耆属

【主要形态特征】多年生草本。茎基部分枝，丛生，直立或上升，疏被白色或黑色短柔毛。羽状复叶；托叶卵形披针形，与叶柄分离；小叶对生，长圆形至披针状长圆形，先端尖或钝，腹面无毛或被梳毛，背面疏被白色伏毛或半伏毛。总状花序，密集花多而短；花冠紫红色或蓝紫色。荚果狭卵形或狭椭圆形，密被白色或黑色短柔毛。

【生境及分布】生于海拔2 900~4 800m的山坡草地、河边湿地、石砾地、村旁、路旁或田边。分布于西藏东部、南部及云南西北部。

【资源评价】是黄耆属危害最大的疯草之一。家畜误食一定量后，会导致中毒死亡，影响繁殖，妨碍畜种改良，严重威胁着草地畜牧业的发展。

【中文学名】冰川棘豆

【拉丁学名】*Oxytropis glacialis* Benth. ex Bunge

【隶属关系】豆科棘豆属

【主要形态特征】多年生草本。高3~17cm。茎极缩短，丛生。羽状复叶，卵形，密被绢状长柔毛，长圆形或长圆状披针形，两面密被开展绢状长柔毛。6~10花组成球形或长圆形总状花序；花冠紫红色或蓝紫色、偶有白色；龙骨瓣具喙，近三角形、钻形或微弯成钩状，极短。荚果草质，卵状球形或长圆状球形，膨胀。

【生境及分布】生于海拔4 500~5 400m的山坡草地、砾石山坡、河滩砾石地或砂质地。分布于西藏。

【资源评价】全草有毒，冬季枯萎干燥后仍有毒性。牲畜食用后可造成消瘦、生长缓慢、迟钝、呆立、行走困难、下肢摇摆下坠甚至瘫倒不起，最后死亡，还使母畜流产或胎儿畸形。藏药入药，治疗水肿。

【中文学名】甘肃棘豆

【拉丁学名】*Oxytropis kansuensis* Bunge

【隶属关系】豆科棘豆属

【主要形态特征】多年生草本。茎细弱，铺散或直立，基部有分枝，疏生白色长柔毛。单数羽状复叶；叶轴上面具沟，密生白色间黑色长柔毛；托叶卵状披针形，基部连合，与叶柄分离；小叶卵状矩圆形至披针形，两面有密长柔毛。总状花序近头状，腋生；花萼钟状；花冠黄色。荚果纸质，长椭圆形或矩圆状卵形，膨胀，密生黑色长柔毛。

【生境及分布】生于海拔3 300~5 300m的干燥草原及山坡草地。分布于甘肃、青海、四川、云南及西藏等省区。

【资源评价】具有止血、利尿和解毒疗疮的功效。用于各种内出血、水肿和疮疡。

【中文学名】毛瓣棘豆

【拉丁学名】*Oxytropis sericopetala* Prain ex C. E. C. Fisch.

【隶属关系】豆科棘豆属

【主要形态特征】多年生草本。高10~40cm。茎短，被灰色绒毛，密丛生。羽状复叶，小叶两面密被白色绢状长柔毛。总状花序密穗状，花多数；花冠紫红色或蓝紫色；苞片线形；花萼短钟形，旗瓣和龙骨瓣背部被柔毛。荚果微膨胀，密被长柔毛。

【生境及分布】生于海拔2 900~4 450m的河滩砂地、山坡草地或冲积扇砂砾地，在雅鲁藏布江及其支流两岸卵石滩上，自成单优种纯群落。分布于西藏。

【资源评价】是疯草棘豆属主要有毒植物之一，毛瓣棘豆可以引起各种家畜慢性中毒，导致孕畜流产，严重的可导致死亡。毛瓣棘豆耐干旱并且抗寒冷，它与优良牧草竞争草地，争夺水分和营养，可导致大批优良牧草产量降低和草场退化。

【中文学名】黄花棘豆

【拉丁学名】*Oxytropis ochrocephala* Bunge

【隶属关系】豆科棘豆属

【主要形态特征】多年生草本。株高10～56cm。茎直立或斜生，基部多分枝。羽状复叶，小叶草质，卵状披针形。总状花序；花冠黄色，分旗瓣，翼瓣，龙骨瓣。花期6—8月。

【生境及分布】适宜于各种环境，一般生于海拔1 900～5 200m的田埂、荒山、平原草地、林下、林间空地、山坡草地、阴坡草甸、高山草甸、沼泽地、河漫滩、干河谷阶地、山坡砾石草地或高山圆柏林下。分布于宁夏、甘肃、青海、四川及西藏等省区。

【资源评价】黄花棘豆为草场的毒草之一，含有生物碱，以盛花期至绿果期毒性最大。各类家畜采食后都可引起慢性积累中毒，以马中毒最为严重。在其分布区内，可导致牲畜中毒死亡，影响家畜的繁殖和品种改良，同时也造成草场日趋退化，成为妨碍当地畜牧业发展的主要问题之一。

【中文学名】镰形棘豆

【拉丁学名】*Oxytropis falcata* Bunge.

【隶属关系】豆科棘豆属

【主要形态特征】多年生草本。株高通常10～56cm。茎直立或斜生，基部多分枝。羽状复叶；小叶草质，对生或互生，线状披针形、线形。总状花序；花葶与叶近等长，或较叶短，直立，疏被白色长柔毛，稀有腺点；苞片草质，长圆状披针形；花冠黄色，分旗瓣、翼瓣、龙骨瓣。荚果革质，宽线形，微蓝紫色，稍膨胀，略成镰刀状弯曲；种子肾形，棕色。花期5—8月，果期7—9月。

【生境及分布】生于海拔4 500～5 200m的山坡草地、沙砾地、冰川阶地或河岸沙地。分布于甘肃、青海、新疆、四川及西藏等省区。

【资源评价】全草入药，具有清热解毒和生肌止痛的功效。主治发热、流感、扁桃体炎、咽喉炎、急性气管炎、慢性气管炎、便血、痢疾和痈疽疮肿。

【中文学名】二花棘豆

【拉丁学名】*Oxytropis biflora* P. C. Li

【隶属关系】豆科棘豆属

【主要形态特征】多年生矮小草本。羽状复叶有小叶7~13枚；小叶矩圆形，两面密被白色开展的长柔毛。花通常2朵，有部分3朵；花冠白色，龙骨瓣顶端具喙；子房密被白色平伏短柔毛。荚果膜质，膨胀，顶端具喙，密被白色伏柔毛。

【生境及分布】生于海拔5 000m的山坡草甸。分布于西藏。

【资源评价】有毒植物，牲畜食用后会发生中毒现象。藏药中可用于治疗水肿。

【中文学名】胀果棘豆

【拉丁学名】*Oxytropis stracheyana* Benth. ex Baker

【隶属关系】豆科棘豆属

【主要形态特征】多年生草本。根粗壮，直伸。茎缩短，丛生垫状，密被枯萎叶柄和托叶。羽状复叶，托叶薄膜质，边缘被疏柔毛；小叶长圆形，先端钝，两面密被白色绢状柔毛。伞形总状花序，密被绢状柔毛；苞片呈卵形，密被绢状柔毛。花冠粉红色、淡蓝色、紫红色，瓣片宽呈卵状长圆形，瓣片倒卵状长圆形。荚果卵圆形，膨胀，密被白色绢状长柔毛。

【生境及分布】生于海拔2 900～5 200m的山坡草地、石灰岩山坡、岩缝中、河滩砾石草地及灌丛下。主要分布于西藏及青海等省区。

【资源评价】有毒植物，人或牲畜食用后会发生中毒现象。藏药入药，可治疗水肿、关节疼痛、跌打损伤和炎症等。

【中文学名】小叶棘豆

【拉丁学名】*Oxytropis microphylla*（Pall.）DC.

【隶属关系】豆科棘豆属

【主要形态特征】多年生草本。密丛生，有恶臭。茎极缩短，具多而分枝的木质茎基。小叶多数轮生，卵形，边缘内卷。总状花序，花冠蓝紫色或紫红色，旗瓣瓣片宽卵状长圆形，翼瓣稍短，龙骨瓣顶端具喙。荚果镰状长圆形。

【生境及分布】生于海拔3 200～3 700m的山坡草地、砾石地、河滩和田边。分布于中国东北的西部、内蒙古、新疆及西藏等省区。

【资源评价】有毒植物，牲畜食用后会发生中毒现象。全草药用，有止血消炎和止泻阵痛的功效。藏药中还可用于治疗水肿。

【中文学名】黑萼棘豆

【拉丁学名】*Oxytropis melanocalyx* Bunge

【隶属关系】豆科棘豆属

【主要形态特征】多年生草本。茎细弱，散生。羽状复叶；叶轴细瘦，疏生黄色长柔毛托叶基部连合，卵形，与叶柄分离；小叶卵形至卵状披针形，先端渐尖，基部圆形，两面疏生黄色长柔毛。腋生伞形总状花序，总花梗有疏长柔毛；花萼钟状，密生黑色短柔毛混有黄色长柔毛，萼齿条形；花冠蓝色，旗瓣宽卵状三角形。荚果长椭圆形，膜质，密生黑色长柔毛。

【生境及分布】生于山坡草地或牧区山坡和草原中。分布于陕西、甘肃、青海、四川、西藏及云南等省区。

【资源评价】可退烧、镇痛、催吐和利尿。治疗溃疡病、胃痉挛和水肿；外用熬膏治创伤。

【中文学名】披针叶黄华

【拉丁学名】*Thermopsis lanceolatay* R. Br.

【隶属关系】豆科黄华属

【主要形态特征】多年生草本。具粗壮的地下根茎，茎高10～40cm，基部多分枝，密被白色平伏短柔毛。叶长椭圆状倒披针形、矩圆状倒披针形或倒披针形，上面无毛，下面密被白色或淡黄色平伏短柔毛。花冠黄色；子房密被白色长柔毛。荚果扁，条形，密被平伏短柔毛。

【生境及分布】生于海拔3 500～4 700m的山坡草地、河边沙砾地、河漫滩或沙质地。主要分布于中国东北、华北、西北及四川、西藏等省区。

【资源评价】全草药用，具有兴奋呼吸和升高血压的功效，主要用于祛痰止咳。牲畜食用会出现中毒现象。

【中文学名】高山黄华

【拉丁学名】*Thermopsis alpina*（Pall.）Ledeb

【隶属关系】豆科黄华属

【主要形态特征】多年生草本。疏被长柔毛，三出复叶互生；小叶片长椭圆形或长椭圆状卵形，背面密被长柔毛。总状花序顶生；苞片3枚轮生，卵形或长卵形，基部连合，背面密生长柔毛；花冠黄色，旗瓣圆形，翼瓣狭，龙骨瓣长圆形。荚果扁平，长椭圆形，常作镰形弯曲或直，被柔毛。种子卵状肾形，稍扁，褐色。

【生境及分布】生于海拔4 400～5 000m的山坡草地、湖边砾石地和高山苔原。分布于内蒙古、河北、陕西、新疆、云南及西藏等省区。

【资源评价】有小毒，可治疗狂犬病。根入药，治疗疟疾和高血压。藏药中主要用于治疗细菌性疾病，具有镇痛作用。

【中文学名】紫花黄华

【拉丁学名】*Thermopsis barbata* Benth.

【隶属关系】豆科黄华属

【主要形态特征】多年生草本。茎直立，分枝，具纵槽纹，花期全株密被白色或棕色伸展长柔毛，具丝质光泽，果期渐稀疏。三出复叶；小叶长圆形或披针形至倒披针形，两面密被白色长柔毛。总状花序顶生；苞片椭圆形或卵形；花冠紫色。荚果长椭圆形；种子肾形。

【生境及分布】生于海拔2 700～4 500m的河谷和山坡。分布于青海、新疆（天山）、四川西部、云南西北部及西藏等省区。

【资源评价】具有杀虫、止痛和消炎的功效。用于虫病、高血压、中风、炭疽、水肿、肺热和咳嗽。

【中文学名】变色锦鸡儿

【拉丁学名】*Caragana versicolor* Benth.

【隶属关系】豆科锦鸡儿属

【主要形态特征】矮小灌木。树皮褐色或深褐色，常有条棱。叶为假掌状复叶；短枝上叶轴极短，小叶似簇生；长枝上叶轴长3～10mm，硬化成针刺。花冠黄色；花萼小型，管状或管状钟形，基部通常不扩大或稍宽；旗瓣宽，基部渐狭成短柄。荚果圆柱状，顶端具长尖，长大于宽8～10倍。

【生境及分布】生于海拔4 500～4 800m的砾石山坡、石砾河滩或灌丛。分布于青海、四川及西藏等省区。

【资源评价】虽然变色锦鸡儿为有刺灌木，但牲畜甚喜采食。春季和夏季，绵羊、山羊和马喜食其花和嫩枝叶，冬季的枝条为雪后家畜采食的饲料。藏药用于降血压和消炎。为藏香原料之一。

【中文学名】鬼箭锦鸡儿

【拉丁学名】*Caragana jubata*（Pall.）Poir.

【隶属关系】豆科锦鸡儿属

【主要形态特征】多刺矮灌木。基部分枝，茎多刺，树皮深灰色至黑色。羽状复叶；叶轴宿存并硬化成刺；小叶长椭圆形至线状长椭圆形，先端圆或急尖。花冠蝶形，淡红色或近白色；子房长椭圆形，密生长柔毛。荚果长椭圆形，密生丝状长柔毛。

【生境及分布】生于海拔2 000～5 000m的山坡或山顶灌林中。主要分布于青海、西藏、新疆、甘肃及宁夏等省区。

【资源评价】是一种粗蛋白植物，含有丰富的无氮浸出物、粗脂肪和粗纤维。适合高原地区的牛、羊等食用，能让牛、羊等动物长得更好、更快。药用具有清热解毒和降压的功效。用于治疗乳痈、疮疖肿痛和高血压等。

【中文学名】 草木樨

【拉丁学名】 *Melilotus suaveolens* Ledeb.

【隶属关系】 豆科草木樨属

【主要形态特征】 二年生草本。茎直立，粗壮，多分枝。羽状三出复叶；托叶镰状线形，叶柄细长；小叶片倒卵形、阔卵形、倒披针形至线形，上面无毛，粗糙，下面散生短柔毛；顶生小叶稍大。总状花序腋生；具花，初时稠密，花开后渐疏松，薄片刺毛状，花梗与苞片等长或稍长；萼钟形，萼齿三角状披针形；花冠黄色，旗瓣倒卵形。荚果卵形；种子卵形，黄褐色，平滑。

【生境及分布】 生于山坡、河岸、路旁、砂质草地及林缘。分布于中国东北、华南及西南各地。

【资源评价】 良好的蛋白质饲草，又是一种蜜源植物。在中草药中，具有清热解毒和杀虫化湿的功效，主治暑热胸闷、胃病、疟疾、痢疾、淋病、皮肤疮疡、口臭和头痛等。

【中文学名】野苜蓿

【拉丁学名】*Medicago falcata* L.

【隶属关系】豆科苜蓿属

【主要形态特征】多年生草本。全株被淡黄色绢毛。茎直立，圆柱形。托叶狭三角形，锥尖，全缘；小叶倒卵形至倒心形，先端钝圆或微凹，基部阔楔形。总状花序腋生，密被绢毛；苞片小，披针状锥尖；萼钟形，萼齿披针状三角形，比萼筒短；子房线形。荚果扁平；种子肾形。

【生境及分布】生于海拔3 000～4 100m的山坡林下、草原、丘陵、沟谷及低湿处。分布于中国东北、华北、西北及西藏等省区。

【资源评价】富含维生素A、维生素C、维生素E及多种氨基酸，其幼嫩茎叶尖部分可作蔬菜，营养价值高，味美，是优质的青绿饲料。药用具有健脾补虚、利尿退黄和舒筋活络的功效。用于脾虚腹胀、消化不良、浮肿、黄疸和风湿痹痛。

【中文学名】砂生槐（西藏狼牙刺）

【拉丁学名】*Sophora moorcroftiana* Benth. ex Baker

【隶属关系】豆科槐属

【主要形态特征】小灌木。高约1m，分枝多而密集，不育枝末端刺状。羽状复叶有小叶11～19，托叶针刺状。总状花序生于小枝顶端；花冠蓝紫色。荚果近念珠状。花期为5—7月，果期为7—10月。

【生境及分布】生于海拔3 000～4 500m的山谷河溪边的林下或石砾灌木丛中。分布于西藏。

【资源评价】质地柔软，幼嫩时，羊采食，其豆荚的粗蛋白质含量为茎叶的2倍，可作为高寒地区的蛋白质饲料。是一种良好的水土保持植物。药用具有清热解毒的功效。

【中文学名】草地老鹳草

【拉丁学名】*Geranium pratense* L.

【隶属关系】牻牛儿苗科老鹳草属

【主要形态特征】多年生草本。根茎粗壮,斜生;茎单一或数个丛生,直立,假二叉状分枝,被倒向弯曲的柔毛和开展的腺毛。叶基生和茎上对生,肾圆形,掌状7~9深裂。总花梗腋生或于茎顶集为聚伞花序,每梗具2花;苞片狭披针形,向下弯曲或果期下折;萼片卵状椭圆形或椭圆形,背面密被短柔毛和开展腺毛;花瓣紫红色,宽倒卵形,先端钝圆,茎部楔形。蒴果被短柔毛和腺毛。

【生境及分布】生于山坡、林缘或灌丛中。分布于中国东北、华北,陕西、甘肃、宁夏、青海、四川及西藏等省区。

【资源评价】全草入药,具有舒筋活络和止泻的功效,用于治疗痹症、肠炎、痢疾和腹泻等。

【中文学名】甘青老鹳草

【拉丁学名】*Geranium pylzowianum* Maxim.

【隶属关系】牻牛儿苗科老鹳草属

【主要形态特征】多年生草本。具念珠状块根，节部膨大。茎直立，细弱，被倒向伏毛。叶互生，肾圆形，掌状5~7深裂至基部。聚伞花序，具2花或4花；花序梗密被倒向柔毛，下垂；花瓣紫红色，倒卵圆形。蒴果疏被柔毛。

【生境及分布】生于海拔2 500~5 000m的山地针叶林缘草地、亚高山和高山草甸。分布于陕西、甘肃、青海、四川、云南及西藏等省区。

【资源评价】全草入药，清热解毒，主治咽喉肿痛和肺热咳嗽等。

【中文学名】大果大戟

【拉丁学名】*Euphorbia wallichii* Hook. f.

【隶属关系】大戟科大戟属

【主要形态特征】多年生草本。根状茎粗壮，圆柱状。茎单一或数个丛生。叶互生，无柄；叶片椭圆形、长椭圆形、卵状长圆形或倒卵状长圆形；中脉宽扁。花序单生于二歧分枝的顶端；总苞阔钟状，外部被褐色短柔毛，边缘4裂，内侧密被白色柔毛。蒴果球状。

【生境及分布】生于海拔1 800～4 700m的高山草甸、山坡和林缘。分布于四川、云南、西藏及青海等省区。

【资源评价】根有毒，经制后药用，治疗重症水肿、胸腔积液、腹水和积聚痞块等。

【中文学名】青藏大戟

【拉丁学名】*Euphorbia altotibetica* Pauls.

【隶属关系】大戟科大戟属

【主要形态特征】多年生草本。全株光滑无毛。茎直立，自根茎发出，基部疏具鳞片。叶互生，于茎下部较小，向上渐大，常呈长方形，间有卵状长方形，先端浅波状或具齿，基部近平截或略呈浅凹；侧脉不明显；近无叶柄；总苞叶3~5枚，近卵形。花序单生，阔钟状。蒴果卵球状。

【生境及分布】生于海拔2 800~5 100m的山坡、草丛及湖边。分布于宁夏、甘肃、青海及西藏等省区。

【资源评价】可以用于治疗水肿胀满，对于大小便不通也有很好的治疗效果。

【中文学名】野葵

【拉丁学名】*Malva verticillata* L.

【隶属关系】锦葵科锦葵属

【主要形态特征】二年生草本。茎被星状长柔毛。叶肾形至圆形，常为掌状，缘有钝齿，两面被极疏糙伏毛或几无毛；托叶卵状披针形，被星状柔毛。花簇生于叶腋间；花冠淡白色至淡红色，花瓣5。果扁圆形；种子肾形，紫褐色，秃净。

【生境及分布】在海拔1 600～3 000m的山坡、林缘、草地及路旁常见。分布于中国各省区市。

【资源评价】全草或种子、茎及根可入药。茎皮纤维可代替麻用。种子药用具有利水滑窍、润便利尿、下乳汁和去死胎的功效，又可拔毒排脓和治疗疮疖等。

【中文学名】狼毒（甘遂）

【拉丁学名】*Stellera chamaejasme* L.

【隶属关系】瑞香科狼毒属

【主要形态特征】多年生草本。高20~50cm，是我国草地主要的有毒植物。根粗大，木质。茎丛生，直立，不分枝。叶互生，稀对生或轮生，全缘。头状花序顶生；花萼外面紫红色，内面白色，裂片5，外折，花瓣状；无花瓣。

【生境及分布】生于干燥而向阳的高山草坡、草坪或河滩沙砾地。分布于西藏、青海、甘肃、黑龙江、吉林、辽宁、内蒙古及山东等省区。

【资源评价】根入药，有毒，具有清热解毒和消肿的功效。也可用作杀虫剂。根及茎用作传统工艺"藏纸"的原材料，所造的纸具有毒性，可防虫蛀。

【中文学名】西藏沙棘

【拉丁学名】*Hippophae thibetana* Schltdl

【隶属关系】胡颓子科沙棘属

【主要形态特征】矮小灌木，高4~60cm，稀达1m。叶腋通常无棘刺。单叶，三叶轮生或对生，稀互生，线形或矩圆状线形，两端钝形，边缘全缘不反卷，上面幼时疏生白色鳞片，成熟后脱落，暗绿色，下面灰白色，密被银白色和散生少数褐色细小鳞片。雌雄异株；雄花黄绿色，花萼2裂；雌花淡绿色，花萼状。果实阔椭圆形或近圆形，多汁。

【生境及分布】生于海拔3 300~5 200m的高原草地河漫滩及岸边。适宜在干燥寒冷、风大的高原气候区生长。分布于甘肃、青海、四川及西藏等省区。

【资源评价】果实可提取维生素A和维生素C，幼嫩枝叶可用作牲畜的饲料，可以作为牧区草原和城市绿化的树种。藏药以果实入药，主治咳嗽和咳痰等肺部感染疾病。

【中文学名】柳兰

【拉丁学名】*Chamaenerion angustifolium* L.

【隶属关系】柳叶菜科柳兰属

【主要形态特征】多年生粗壮草本，有时近基部木质化。茎直立，中上部多分枝，圆柱状，无毛。叶螺旋状互生；茎生叶披针状椭圆形至狭倒卵形或椭圆形，稀狭披针形，两面被长柔毛。总状花序直立；苞片叶状；花直立，花蕾卵状长圆形，萼片长圆状线形；花瓣常玫瑰红色，或粉红、紫红色，宽倒心形。蒴果圆柱形。

【生境及分布】生于海拔3 100～4 250m的山坡林缘、林下及河谷湿草地。分布于中国西南、西北、华北及东北等省区市。

【资源评价】具有消肿利水、下乳和润肠的功能。主治乳汁不足和气虚浮肿等。如果用于下乳，可以用柳兰全草炖猪蹄食用。

【中文学名】杉叶藻

【拉丁学名】*Hippuris vulgaris* L.

【隶属关系】车前科杉叶藻属

【主要形态特征】多年生水生草本。全株光滑无毛，高20～60cm。茎圆柱形，不分枝。叶茎生，4～12枚轮生；叶线形，生于水中的叶片常较长。花小，单生叶腋；花被退化为子房的环状边缘。

【生境及分布】多群生于海拔40～5 000m的池沼、湖泊、溪流及江河两岸等浅水外，稻田内等水湿处也有生长。分布于中国东北、华北北部、西北、西南及西藏等省区市。

【资源评价】全草细嫩、柔软并且产量较高，适于作猪、禽类及草食性鱼类的饲料。全草入药，消炎退烧，治疗肺炎、肝炎和脉管炎。

【中文学名】垫状棱子芹

【拉丁学名】*Pleurospermum hedinii* Diels

【隶属关系】伞形科棱子芹属

【主要形态特征】多年生莲座状草本。高4~5cm。茎短，粗壮，肉质，基部有栗褐色残鞘。基生叶窄长椭圆形，二回羽裂。顶生复伞形花序；总苞片多数，叶状；萼齿近三角形，花瓣淡红或白色，近圆形。果卵形至宽卵形。花期7—8月，果期9—10月。

【生境及分布】生于海拔4 600~5 200m的高山草地、湖滨沙砾地或河谷阶地。分布于青海、四川西北部和西南部、云南西北部及西藏等省区。

【资源评价】可作烹调辅料。具有清热解毒的功效。主治外感发热、梅毒、花粉和食物中毒。

【中文学名】短毛独活

【拉丁学名】*Heracleum moellendorffii* Hance

【隶属关系】伞形科独活属

【主要形态特征】多年生草本。根圆锥形，粗大，多分歧，灰棕色。茎直立，有棱槽，上部开展分枝。叶有柄；叶片轮廓广卵形，薄膜质，三出式分裂，裂片广卵形至圆形、心形、不规则的3~5裂，裂片边缘具粗大的锯齿；茎上部叶有显著宽展的叶鞘。复伞形花序顶生和侧生；花瓣白色，二型；花柱基短圆锥形，花柱叉开。分生果圆状倒卵形，淡棕黄色。

【生境及分布】生于阴坡山沟旁、林缘或草甸子。分布于黑龙江、吉林、辽宁、内蒙古、河北、山东、陕西、湖北、安徽、江苏、浙江、江西、湖南、云南及西藏等省区。

【资源评价】植株和果实含有丰富的香豆素，具有抗风湿关节炎的功效，中药治疗风寒感冒、头痛、风湿痹痛和腰腿酸痛。

【中文学名】海乳草

【拉丁学名】*Glaux maritima* L.

【隶属关系】报春花科海乳草属

【主要形态特征】多年生小草本。茎直立或下部匍匐。叶小，对生，肉质，线形或匙形。花近无柄，腋生；萼红色或白色，钟状，5深裂，宿存；花冠缺；雄蕊生于子房的周围，着生于花萼的基部，与萼片互生；子房上位，1室，有腺体，胚珠少数，沉没于球形的胎座中。蒴果呈球状卵形，有喙，半藏于花萼内，顶部5裂。

【生境及分布】生于潮湿草地、河边、渠沿、湖岸及绿洲村旁。分布于中国东北、华北、西北及长江流域一带。

【资源评价】中等饲用植物。种子、果实含齐墩果酸、甘露醇、棕榈酸和三萜类等。可药用，根有散气止痛的功效；皮可退热；叶能祛风、明目、消肿和止痛。种子含油10%～15%，可用作肥皂原料。

【中文学名】垫状点地梅

【拉丁学名】*Androsace tapete* Maxim.

【隶属关系】报春花科点地梅属

【主要形态特征】多年生密丛或垫状。轮廓呈不规则的半圆球形，暗栗褐色，是由多数根出短枝紧密排列而成；根出短枝为鳞覆的枯叶覆盖，呈棒状。当年生的莲座状叶丛位于老叶丛上。叶两型，外层叶卵状披针形或卵形；内层叶线形或倒窄披针形。花单生，包藏于叶丛中；花冠白色或粉色。

【生境及分布】生于海拔3 500~5 000m的砾石山坡、河谷阶地和平缓的山顶。分布于新疆、甘肃、青海、四川、云南及西藏等省区。

【资源评价】祛风清热，消肿解毒。西藏民间习惯用全草煅烧成炭治疗肿瘤。也可作薪柴。

【中文学名】禾叶点地梅

【拉丁学名】*Androsace graminifolia* C. E. C. Fisch.

【隶属关系】报春花科点地梅属

【主要形态特征】多年生草本。具2至数个莲座状叶丛；叶条形至条状披针形，边缘半透明软骨质，先端具刺尖。花葶高1~3cm；伞形花序密集呈头状；花萼密被毛；花冠紫红色，5裂。花期6—8月。

【生境及分布】生于海拔3 800~4 700m的山坡、阶地和冲积扇草丛中。分布于西藏南部。

【资源评价】具有清热解毒、消炎止痛和利水的功效。

【中文学名】西藏粉报春

【拉丁学名】*Primula tibetica* Watt

【隶属关系】报春花科报春花属

【主要形态特征】多年生小草本。根状茎短，具多数须根。叶片卵形、椭圆形或匙形，先端钝或圆形，基部楔形或近圆形，全缘。花冠粉红色或紫红色，冠筒口周围黄色，通常稍长于花萼，裂片阔倒卵形。

【生境及分布】喜冷湿，喜光，耐水湿，生于海拔3 200~4 800m的山坡湿草地和沼泽草甸。主要分布于西藏。

【资源评价】全草入药，具有解毒疗疮的功效，用于疖痈、创伤和热性湿毒治疗。

【中文学名】钟花报春

【拉丁学名】*Primula sikkimensis* Hook.

【隶属关系】报春花科报春花属

【主要形态特征】一年生或二年生草本。叶基生，沿中脉疏被长柔毛，羽状深裂，裂片线形，全缘或具不整齐的疏齿；叶柄疏被长柔毛。花葶高3~9cm；伞形花序着生于花葶端；苞片线形，疏被柔毛；花萼杯状，5裂，裂片三角形，内面被微柔毛；花冠稍短于花萼，白色，冠檐5裂。蒴果近球形。

【生境及分布】生于海拔3 200~4 400m的林缘湿地、沼泽草甸和水沟边。分布于四川、云南及西藏。

【资源评价】具有清热消肿和止泻的功效。治疗诸热病、血病、脉病、小儿热痢、水肿和腹泻。

【中文学名】羽叶点地梅

【拉丁学名】*Pomatosace filicula* Maxim.

【隶属关系】报春花科羽叶点地梅属

【主要形态特征】一年生或二年生草本。叶基生，沿中脉疏被长柔毛，羽状深裂，裂片线形，全缘或具不整齐的疏齿；叶柄疏被长柔毛。花葶高3~9cm；伞形花序着生于花葶端；苞片线形，疏被柔毛；花萼杯状，5裂，裂片三角形，内面被微柔毛；花冠稍短于花萼，白色，冠檐5裂。蒴果近球形。

【生境及分布】生于海拔2 800~4 500m的高山草甸、山坡草丛中、河滩砂地或山谷阴处。分布于青海、甘肃、四川及西藏等省区。

【资源评价】全草入药，治疗肝炎、高血压引起的发烧、子宫出血、月经不调、疝痛和关节炎等。藏药中主要用于治疗水肿，具有恢复肾功能的功效。也用作动物饲料。

【中文学名】蓝玉簪龙胆

【拉丁学名】*Gentiana veitchiorum* Hemsl.

【隶属关系】龙胆科龙胆属

【主要形态特征】多年生草本草。高5~10cm。茎自莲座丛叶外侧发出,铺散、斜升;莲座丛叶条状披针形,边缘粗糙;下部茎叶卵形,向上渐狭长。单花顶生;花冠狭漏斗状,上部蓝色,下部黄绿色,具深蓝色条纹和斑点,褶宽卵形,边缘啮蚀状。

【生境及分布】生于海拔2 500~4 800m的地区,常见于河滩、高山草甸、灌丛、山坡草地及林下。分布于西藏、青海、四川及云南等省区。

【资源评价】可治疗天花、气管炎和咳嗽。花入药,有清湿热、泻肝胆实火、镇咳、利喉和健胃的功效。藏药用于治疗咽炎等肺部疾病。花色艳丽,色彩丰富,适宜作为花坛、花境或盆花。

【中文学名】蓝白龙胆

【拉丁学名】*Gentiana leucomelaena* Maxim.

【隶属关系】龙胆科龙胆属

【主要形态特征】一年生小草本。高1.5～5cm。茎自基部分枝，斜升。茎生叶椭圆形至条状披针形。单花顶生，花冠钟形，长8～13mm，白色或淡蓝色，外面具蓝灰色条纹，喉部具蓝色斑点，裂片卵形，褶白色，先端截形，条裂。

【生境及分布】生于海拔1 940～5 000m的沼泽化草甸、沼泽地、湿草地、河滩草地、山坡草地、山坡灌丛中及高山草甸。分布于西藏、四川、青海、甘肃及新疆等省区。

【资源评价】花色艳丽，色彩丰富，适宜作为花坛、花境或盆花。可治疗湿热黄疸、咽喉肿痛和阑尾炎等。

【中文学名】云雾龙胆

【拉丁学名】*Gentiana nubigena* Edgew.

【隶属关系】龙胆科龙胆属

【主要形态特征】多年生草本。高6~10cm。叶大部分基生，常对折；茎生叶1~3，顶生。花萼裂片直立，有斑点；花冠漏斗形，上部蓝色、淡黄色或黄绿色，下部黄白色，具蓝色条纹，褶偏斜，截形，边缘具波状齿或啮蚀状。

【生境及分布】生于海拔3 000~5 300m的沼泽草甸、高山灌丛草原、高山草甸及高山流石滩。分布于西藏、四川西部、青海及甘肃等省区。

【资源评价】具有利胆、抗炎、健胃和降压等功效。

【中文学名】麻花艽

【拉丁学名】*Gentiana straminea* Maxim.

【隶属关系】龙胆科龙胆属

【主要形态特征】多年生草本。高10～35cm。基生叶莲座状；茎生叶较小。聚伞花序顶生及腋生；花萼筒黄绿色，一侧开裂呈佛焰苞状；花冠漏斗形，淡黄色或黄绿色，喉部具绿色斑点，褶偏斜三角形，全缘或边缘啮蚀状。

【生境及分布】生于海拔2 000～4 950m的高山草甸、灌丛、林下、林间空地、山沟、多石干山坡及河滩。分布于西藏、四川、青海、甘肃、宁夏及湖北等省区。

【资源评价】具有清热利胆和舒筋止痛的功效。

【中文学名】西藏秦艽

【拉丁学名】*Gentiana tibetica* King ex Hook. f.

【隶属关系】龙胆科龙胆属

【主要形态特征】多年生草本。高40～50cm，基部被枯存的纤维状叶鞘包裹。莲座丛叶卵状椭圆形；茎生叶卵状椭圆形至卵状披针形。花多数，无花梗，簇生枝顶呈头状，或腋生作轮状；花冠内面淡黄色或黄绿色，冠檐外面带紫褐色，宽筒形。蒴果内藏，无柄，椭圆形或卵状椭圆形；种子淡褐色，椭圆形。

【生境及分布】主要生于海拔2 100～4 200m的地边、路旁、灌丛及林缘。分布于西藏南部。

【资源评价】藏药。含秦艽碱甲、秦艽碱乙、秦艽碱丙、龙胆苦苷和当药苦苷。具有祛风湿、舒筋络和清虚热的功效。用于风湿痹痛、筋脉拘挛、骨节酸痛、日晡潮热和小儿疳积发热。

【中文学名】湿生扁蕾

【拉丁学名】*Gentianopsis paludosa*（Hook. f.）Ma

【隶属关系】龙胆科扁蕾属

【主要形态特征】一年生草本。高10～40cm。茎单生，在基部分枝或不分枝。基生叶匙形；茎生叶矩圆形或椭圆状披针形。花单生茎及分枝顶端；花冠蓝色，或下部黄白色，上部蓝色，宽筒形；花药黄色，矩圆形。蒴果具长柄，椭圆形。

【生境及分布】生于海拔1 180～4 900m的河滩、山坡草地及林下。分布于西藏、云南、四川、青海、甘肃、陕西、宁夏、内蒙古、山西及河北等省区。

【资源评价】具有清热利湿和解毒的功效。用于治疗感冒发热、高血压、肝炎、胆囊炎、肾盂肾炎、目赤肿痛、小儿腹泻和疮疖肿毒。

【中文学名】镰萼喉毛花

【拉丁学名】*Comastoma falcatum*（Turcz. ex Kar. et Kir.）Toyok.

【隶属关系】龙胆科喉毛花属

【主要形态特征】一年生草本。茎常斜升，近四棱形，沿棱具翅，自基部多分枝。基生叶莲座状，矩圆状倒披针形，先端圆形，基部渐狭成短柄，全缘。花单生枝顶；花梗细长而稍弯曲，不等形、披针形或卵形，稍呈镰形；花冠管状钟形，淡蓝色或淡紫色。蒴果呈狭矩圆形；种子多数，椭圆形。

【生境及分布】生于海拔2 100～5 300m的亚高山或高山草甸。分布于西藏、四川西北部、青海、新疆、甘肃、内蒙古、山西及河北等省区。

【资源评价】具有利胆、退黄、清热、健胃和治伤的功效。主治黄疸、肝热、胆热、胃热和金伤。

【中文学名】肋柱花

【拉丁学名】*Lomatogonium carinthiacum* （Wulfen）Rchb.

【隶属关系】龙胆科肋柱花属

【主要形态特征】一年生草本。高3～30cm。茎带紫色，自下部多分枝。基生叶莲座状，叶片匙形；茎生叶无柄，披针形、椭圆形至卵状椭圆形。聚伞花序或花生分枝顶端；花冠蓝色，裂片椭圆形或卵状椭圆形。蒴果无柄，圆柱形。

【生境及分布】生于海拔430～5 400m的山坡草地、灌丛草甸、河滩草地及高山草甸。分布于西藏、云南、四川、青海、甘肃、新疆、山西及河北等省区。

【资源评价】可用于治疗黄疸型肝炎和头痛发热等。花形美丽，可用作观赏花卉。

【中文学名】田旋花

【拉丁学名】*Convolvulus arvensis* L.

【隶属关系】旋花科旋花属

【主要形态特征】多年生草本。根状茎横走,茎平卧或缠绕,有棱。叶片戟形或箭形。花1~3朵腋生,花梗细弱;苞片线性,与萼远离;萼片倒卵状圆形,无毛或被疏毛,缘膜质;花冠漏斗形,粉红色、白色。蒴果球形或圆锥状,无毛;种子椭圆形,无毛。花期5—8月,果期7—9月。

【生境及分布】野生于耕地、荒坡草地及村边路旁。分布于中国东北、华北、西北,山东、江苏、河南、四川及西藏等省区。

【资源评价】为低等饲用植物。绵羊、骆驼甚至牛、马在枯黄后都采食。秋季调制干草或做青贮,鲜嫩时发酵后喂猪可节省精料。

【中文学名】银灰旋花

【拉丁学名】*Convolvulus ammannii* Desr.

【隶属关系】旋花科旋花属

【主要形态特征】多年生草本。根状茎短，茎少数或多数，平卧或上升，枝和叶密被贴生稀半贴生银灰色绢毛。叶互生，线形或狭披针形。花单生枝端，具细花梗，外萼片长圆形或长圆状椭圆形，近锐尖或稍渐尖，内萼片较宽，椭圆形，渐尖，密被贴生银色毛；花冠小，漏斗状，淡玫瑰色或白色带紫色条纹。蒴果球形，先端被短毛。

【生境及分布】生于海拔1 800～4 000m的干旱山坡草地或路旁。分布于内蒙古、辽宁、吉林、黑龙江、河北、河南、甘肃、宁夏、陕西、山西、新疆、青海及西藏等省区。

【资源评价】低等饲用植物。全草入药，具有辛温解表和止咳的功效，主治感冒和咳嗽。

【中文学名】密花毛果草

【拉丁学名】*Lasiocaryum densiflorum*（Duthie）Johnst.

【隶属关系】紫草科毛果草属

【主要形态特征】一年生草本。茎通常自基部强烈分枝，有伏毛。茎生叶无柄或近无柄，卵形，椭圆形或狭倒卵形，两面有疏柔毛，先端钝或急尖，基部渐狭，脉不明显。聚伞花序生于每个分枝的顶端，长通常具多数花；花冠蓝色，无毛，筒部与萼近等长，裂片倒卵圆形，开展，先端钝，有时微凹，喉部黄色；花药卵圆形，小坚果狭卵形，淡褐色，沿皱纹有短伏毛，背面中线微呈龙骨状隆起，着生面卵状线形。种子卵形，背腹稍扁，棕褐色。

【生境及分布】生于海拔4 000～4 500m的石质山坡。分布于西藏南部和四川西部。

【资源评价】是开发保健食用油和新型化妆品的原料。

【中文学名】微孔草

【拉丁学名】*Microula sikkimensis*（C. B. Clarke）Hemsl.

【隶属关系】紫草科微孔草属

【主要形态特征】二年生草本。高6～65cm，茎直立或渐升，被刚毛。叶两面有短伏毛，上面散生带基盘的刚毛。聚伞花序顶生；花冠蓝色或蓝紫色，裂片5。小坚果卵形，有小瘤状凸起和短毛。

【生境及分布】耐寒、耐旱并且喜强光照，生于高寒草甸、林地、灌丛和次生植被中。主要分布于青海、甘肃、四川、云南、西藏及陕西等省区。

【资源评价】是我国特有的珍稀油料植物，富含γ-亚麻酸，是开发特色营养保健食品、保健食用油、新型化妆品和医药产品的理想原料。

【中文学名】西藏微孔草

【拉丁学名】*Microula tibetica* Benth.

【隶属关系】紫草科微孔草属

【主要形态特征】二年生草本。茎缩短，高约1cm，自基部有多数分枝，枝端生花序，疏被短糙毛或近无毛。叶均平展并铺地面上，匙形，边缘近全缘或有波状小齿，上面密被短糙伏毛，并散生具基盘的短刚毛，下面有具基盘的白色短刚毛。花冠蓝色或白色，无毛。

【生境及分布】生于海拔4 500～5 300m的湖边沙滩、山坡流沙或高原草地。分布于西藏和青海等省区，在锡金和克什米尔地区也有分布。

【资源评价】种子富含γ-亚麻酸，是很有开发潜力的γ-亚麻酸新资源植物。

【中文学名】长细花滇紫草

【拉丁学名】*Onosma hookeri* var. *longiflorum*（Duthie）A. V. Duthie ex Stapf

【隶属关系】紫草科滇紫草属

【主要形态特征】多年生草本。茎单一或数条丛生，不分枝。基生叶倒披针形，被毛；茎生叶无柄，披针形。花序单生茎顶，花多数，密生；苞片狭披针形；花萼裂片呈钻形；花冠紫色或红紫色，花丝着生花冠筒上2/3处。

【生境及分布】生于海拔3 020～44 700m的山坡砾石地、砂地草丛及阳坡灌丛草地。分布于西藏。

【资源评价】根药用，具有清热凉血和消肿解毒的功效，主治丹毒、麻疹、急性膀胱炎、尿道炎、痈肿、烧烫伤、气管炎和高血压等。

【中文学名】白苞筋骨草

【拉丁学名】*Ajuga lupulina* Maxim.

【隶属关系】唇形科筋骨草属

【主要形态特征】多年生草本。高18～25cm。茎粗壮，直立，四棱形，被长柔毛。叶片披针状呈矩圆形，边缘具波状圆齿或几全缘。苞叶大，向上渐小，白黄色至绿紫色；花冠二唇形，白色至白绿色，具紫色斑纹。花期7—9月。

【生境及分布】生于河滩沙地、高山草地或陡坡石缝中，海拔通常在1 900～3 200m，少有在1 300m以下或3 500m以上。分布于河北、山西、甘肃、青海、西藏及四川等省区。

【资源评价】全草入药，具有解热消炎和活血消肿的功效。主治痨伤咳嗽、吐血气痈、跌损瘀凝、面神经麻痹和梅毒炭疽。藏药中用于治疗各种炎症。

【中文学名】绵参

【拉丁学名】*Eriophyton wallichii* Benth

【隶属关系】唇形科绵参属

【主要形态特征】多年生草本。全株被绵毛，高10~20cm。根肥厚，圆柱形。茎直立，下部常生于石块堆中，呈白色，肉质，无毛。叶为苞片状，白色无毛；茎上部叶大，两两交互对生，叶片菱形或圆形，两面密被绵毛；叶柄短或近于无柄。轮伞花序6花，无花梗；小苞片刺状，密被绵毛；花萼宽钟形，隐藏于叶丛中，外面密被绵毛，内面在萼齿先端及边缘被绵毛；花冠淡紫或粉红色，上唇大，盔状，向下弯曲覆盖下唇，外面密被绵毛，下唇小，3裂，中裂片略大，先端微缺。小坚果倒卵圆状三棱形，黄褐色。

【生境及分布】生于海拔2 700~5 300m的高山强度风化的乱石块堆中。分布于青海、四川西部、云南西北部及西藏等省区。

【资源评价】具有清热解毒和止咳的功效。主治流行性感冒、肺炎、肺脓肿、肺结核、肝炎、痢疾和痈肿。

【中文学名】高原香薷

【拉丁学名】*Elsholtzia feddei* Leveille

【隶属关系】唇形科香薷属

【主要形态特征】一年生草本。密生须根。茎自基部分枝，被短柔毛，茎及枝均四棱形。叶卵形，先端钝，基部圆形或阔楔形，边缘具圆齿。穗状花序，生于茎、枝顶端，偏于一侧，由多花轮伞花序组成；苞片圆形先端具芒尖，外面被柔毛；边缘具缘毛，内面无毛，脉紫色；花梗短，与序轴被白色柔毛。花萼管状，外面被白色柔毛，披针状钻形，先端刺芒状。花冠红紫色，外被柔毛及稀疏的腺点，被长缘毛，全缘。小坚果长圆形，深棕色。

【生境及分布】生于海拔2 800～3 200m的路边、草坡及林下。分布于四川、云南、青海及西藏等省区。

【资源评价】具有发汗解表、化湿和中及利水消肿的功效。主治风寒感冒和水肿脚气。

【中文学名】鸡骨柴

【拉丁学名】*Elsholtzia fruticosa*（D. Don）Rehd.

【隶属关系】唇形科香薷属

【主要形态特征】直立灌木。多分枝；茎、枝钝四棱形，具浅槽，黄褐色或紫褐色，老时皮层剥落，变无毛，幼时被白色卷曲疏柔毛。叶披针形或椭圆状披针形，先端渐尖，基部狭楔形，边缘具锯齿。穗状花序圆柱状，常偏向一侧；花萼钟形，外面被灰色短柔毛；花冠白色至淡黄色，外面被卷曲柔毛。小坚果呈长圆形，腹面具棱，顶端钝，褐色，无毛。

【生境及分布】生于海拔1 200～4 500m的山谷侧边、谷底、路旁、开阔山坡及草地中。分布于甘肃、湖北、四川、西藏、云南、贵州及广西等省区。

【资源评价】根入药，具有温经通络和祛风除湿的功效。主治风湿关节疼痛。

【中文学名】甘西鼠尾草

【拉丁学名】*Salvia przewalskii* Maxim.

【隶属关系】唇形科鼠尾草属

【主要形态特征】多年生草本。根圆柱锥状，外皮红褐色。茎丛生，上部间有分枝。叶片先端锐尖，边缘具近于整齐的圆齿状牙齿，上面绿色，下面灰白色；茎生叶密被微柔毛。轮伞花序，疏离，顶生总状花序；苞片卵圆形或椭圆形；花萼钟形，二唇形；花冠紫红色，外被疏柔毛，冠檐二唇形，中裂片倒卵圆形，顶端近平截，侧裂片半圆形。小坚果倒卵圆形。

【生境及分布】生于海拔1 200～4 500m的山谷侧边、谷底、路旁、开旷山坡及草地。分布于甘肃、湖北、四川、西藏、云南、贵州及广西等省区。

【资源评价】功能主治：活血祛瘀、安神宁心、排脓和止痛。治疗心绞痛、月经不调、痛经、经闭、血崩带下、症瘕、积聚、瘀血腹痛、骨节疼痛、惊悸不眠和恶疮肿毒。

【中文学名】粘毛鼠尾草

【拉丁学名】*Salvia roborowskii* Maxim.

【隶属关系】唇形科鼠尾草属

【主要形态特征】一年生或二年生草本。密生须根。茎直立，多分枝，四棱形，密被黏腺状短柔毛。叶对生，长圆状披针形至椭圆形，先端钝或急尖，边缘具圆齿。穗状花序；花萼钟状，绿色；花冠黄色，二唇形，上唇全缘，下唇3裂。小坚果倒卵圆形。

【生境及分布】生于海拔2 500~4 500m的山坡草地、沟边阴处及山脚山腰。分布于甘肃西南部、四川西部和西南部、青海、西藏及云南西北部等省区。

【资源评价】叶片具有杀菌灭菌、抗毒解毒和驱瘟除疫的功效，可凉拌食用。茎、叶和花可泡茶饮用，可清净体内油脂，帮助循环，养颜美容，但不宜大量长期食用。园林绿化方面可作盆栽，用于花坛、花境和园林景点的布置。

【中文学名】鼬瓣花

【拉丁学名】*Galeopsis bifida* Boenn.

【隶属关系】唇形科鼬瓣花属

【主要形态特征】一年生草本。茎直立，多少分枝，钝四棱形，被倒向有节刚毛和短柔毛。叶对生，卵圆状披针形或披针形，先端锐尖或渐尖，基部渐狭至宽楔形，边缘有锯齿，上面贴生具节刚毛，下面疏生微柔毛。轮伞花序多花密集；花冠白色、黄色或粉紫红色，被短刚毛。小坚果倒卵状三棱形，褐色，有秕鳞。

【生境及分布】生于林缘、路旁、田边、灌木丛或草地等空旷处。分布于黑龙江、吉林、内蒙古、山西、陕西、甘肃、青海、湖北西部、四川西部、贵州西北部、云南西北部和东北部及西藏等省区。

【资源评价】具有清热解毒和明目退翳的功效。常用于目赤肿痛、翳障、梅毒和疮疡。

【中文学名】甘青青兰

【拉丁学名】*Dracocephalum tanguticum* Maxim.

【隶属关系】唇形科青兰属

【主要形态特征】多年生草本。有臭味，茎直立，钝四棱形。叶具柄，基部宽楔形，羽状全裂，边缘全缘，内卷。轮伞花序生于茎顶部；花萼常带紫色，管状；花冠紫蓝色至暗紫色，外面被短毛，二唇形，下唇长为上唇的二倍；花丝被短毛。

【生境及分布】生于海拔1 900～4 500m的干燥河谷的河岸、田野、草滩或松林边缘。分布于甘肃、青海、四川及西藏等省区。

【资源评价】全草入药，治疗胃炎、肝炎、头晕、神疲、关节炎及疥疮。民间也用作烹调辅料。

【中文学名】白花枝子花

【拉丁学名】*Dracocephalum heterophyllum* Benth.

【隶属关系】唇形科青兰属

【主要形态特征】多年生草本。高10~25cm。茎多数，四棱形，斜升或平卧地面，密被倒向微柔毛。茎下部叶宽卵形至长卵形，先端钝或圆形，基部心形或截平，边缘具浅圆齿，两面有毛；茎中部叶具等长或短于叶片的叶柄，叶片与茎下部叶同形；茎上部叶变小。轮伞花序生于茎上部叶腋，苞片倒卵形或倒披针形；花萼明显呈二唇形，唇形花冠淡黄色或白色，外面密被短柔毛，雄蕊4。小坚果矩圆形。

【生境及分布】生于高山草地和河滩沙地。分布于内蒙古、山西、宁夏、甘肃、青海、西藏、新疆及四川等省区。

【资源评价】中等饲用植物。白花枝子花为较好的辅助蜜源植物，含蜜多粉少。全草入药，对治疗慢性气管炎有明显的镇咳平喘作用。藏药中用于治疗口腔疾病和消除肝部炎症。

【中文学名】蓝花荆芥

【拉丁学名】*Nepeta coerulescens* Maxim.

【隶属关系】唇形科荆芥属

【主要形态特征】多年生草本。根纤细而长。茎高25～42cm，不分枝或多茎，被短柔毛。叶披针状长圆形，两面密被短柔毛。轮伞花序，密集成卵形的穗状花序；苞叶叶状；花冠蓝色，外被微柔毛，下垂，倒心形；花柱略伸出。小坚果卵形。

【生境及分布】生于海拔3 300～4 400m的山坡上或石缝中。分布于甘肃西部、青海东部、四川西部及西藏南部等省区。

【资源评价】有强烈香气，鲜嫩的茎叶可作蔬菜食用。荆芥富含芳香油，以叶片含量最高，味鲜美，还可驱虫灭菌，生食熟食均可，但以凉拌为多，一般将嫩尖作为夏季调味料，是一种经济效益高、很有发展前途的无公害、保健型辛香蔬菜。

【中文学名】独一味

【拉丁学名】*Lamiophlomis rotata*（Benth.）Kudo

【隶属关系】唇形科独一味属

【主要形态特征】无茎多年生草本。高2.5~10cm。根茎伸长，粗厚，直径达1cm。叶片常4枚，辐状两两相对，具皱，具齿；叶脉呈扇形。轮伞花序密集排列成有短葶的头状或短穗状花序，有时下部具分枝而呈短圆锥状；花冠淡紫、红紫或粉红褐色。

【生境及分布】生于海拔3 900~5 050m的高山草甸、河滩草地或流石滩。广泛分布于西藏、青海、甘肃、四川及云南等省区。

【资源评价】民间用全草入药，可治疗跌打损伤、筋骨疼痛、气滞闪腰、浮肿后流黄水、关节积黄水和骨质松质。可用作饲料。

【中文学名】螃蟹甲

【拉丁学名】*Phlomis younghusbandii* Mukh.

【隶属关系】唇形科糙苏属

【主要形态特征】多年生草本。主根粗厚，纺锤形，侧根局部膨大呈圆球形块根，褐黄色。茎丛生，直立或上升，不分枝，高12~20cm，疏被贴生星状短绒毛。基生叶披针状长圆形或狭长圆形，边缘具圆齿；茎生叶卵状长圆形至长圆形；叶片均具皱纹，被星状糙硬毛及单毛，下面疏被星状短绒毛。花冠外面在唇瓣上密被柔毛。

【生境及分布】生于海拔4 300~4 600m的干燥山坡、灌丛及田野。分布于西藏。

【资源评价】块根入药，可治疗感冒咳嗽、支气管炎和胸闷等。茎叶用作牲畜饲料。

【中文学名】薄荷

【拉丁学名】*Mentha canadensis* L.

【隶属关系】唇形科薄荷属

【主要形态特征】多年生草本。茎直立,高30~60cm。下部数节具纤细的须根及水平匍匐根状茎,锐四棱形,具四槽,上部被倒向微柔毛,下部仅沿棱上被柔毛,多分枝。叶片长圆状披针形,先端锐尖,侧脉5~6对。轮伞花序腋生,轮廓球形;花冠淡紫色。

【生境及分布】生于水旁潮湿地,海拔可高达3 500m。广泛分布于中国各省区市。

【资源评价】具有清利头目、疏肝行气、透疹、利咽及疏散风热的功效。现代药理学研究表明,薄荷有抗炎镇痛、利胆、抗肿瘤、解痉、抗病原微生物和抗早孕等作用。

【中文学名】天仙子

【拉丁学名】*Hyoscyamus niger* L.

【隶属关系】茄科天仙子属

【主要形态特征】一年或二年生草本。高30～70cm，全体被有黏性腺毛和柔毛。基生叶大，丛生，成莲座状；茎生叶互生，近花序的叶常交叉互生，呈2列状，叶片长圆形，边缘羽状深裂或浅裂。花单生于叶腋，常于茎端密集；花萼管状钟形；花冠漏斗状，黄绿色，具紫色脉纹；雄蕊5，不等长，花药深紫色；子房2室。蒴果卵球形，盖裂，藏于宿萼内。

【生境及分布】生于村边、山野、路旁及宅旁等处。分布于中国东北、华北、西北、山东、安徽、河南、四川及西藏等省区。

【资源评价】根、叶、种子药用，含莨菪碱及东莨菪碱，具有解痉止痛和安神镇痛的功效，可用作镇咳药及麻醉剂。用于胃痉挛疼痛、喘咳和癫狂。种子油可供制肥皂。

【中文学名】山莨菪

【拉丁学名】*Anisodus tanguticus*（Maxim.）Pascher

【隶属关系】茄科山莨菪属

【主要形态特征】多年生宿根草本。茎无毛或被微柔毛。根粗大，近肉质。叶片纸质或近坚纸质，矩圆形至狭矩圆状卵形，顶端急尖或渐尖，基部楔形或下延，全缘或具1~3对粗齿，具啮蚀状细齿，两面无毛。花俯垂或有时直立，常被微柔毛或无毛；花萼钟状或漏斗状钟形，坚纸质，外面被微柔毛或几无毛；脉劲直；裂片宽三角形，顶端急尖或钝；花冠钟状或漏斗状钟形，紫色或暗紫色，内藏或仅檐部露出萼外，花冠筒里面被柔毛。果实球状或近卵状。

【生境及分布】生于海拔2 800~4 700m的山坡和草坡阳处。分布于青海、甘肃、西藏及云南等省区。

【资源评价】提取莨菪烷类生物碱的重要资源植物；地上部分掺入牛饲料中，有催膘作用。根可药用，有镇痛作用。

【中文学名】马尿泡

【拉丁学名】*Przewalskia tangutica* Maxim.

【隶属关系】茄科马尿泡属

【主要形态特征】多年生草本。有腺毛；根粗壮，肉质。根茎缩短，有多数休眠芽。叶铲形、长椭圆形、长椭圆状倒卵形或狭披针形，全缘或微波状。花生于叶腋；花萼5浅裂，花后极度增大成膀胱状而包围果实；花冠檐部黄色，筒部紫色。蒴果球形。

【生境及分布】多生于海拔3 200～5 000m的高山砂砾地及干旱草原的中性土壤环境中，多为壤土或灌丛草甸土，有机质含量较高。分布于青海、甘肃、四川及西藏等省区。

【资源评价】有毒植物，牲畜食用可出现中毒现象。根含有莨菪碱、东莨菪碱和山莨菪碱，具有镇痛、镇痉和消肿的功效。藏药用于杀菌，也用作壮阳补肾入药。

【中文学名】肉果草

【拉丁学名】*Lancea tibetica* Hook. f. et Thoms.

【隶属关系】透骨草科肉果草属

【主要形态特征】多年生矮小草本。叶6~10片成莲座状，倒卵形至倒卵状矩圆形或匙形，近革质，边全缘或有很不明显的疏齿。花3~5朵簇生或伸长成总状花序；花冠深蓝色或紫色，喉部稍带黄色，或有紫色斑点。果实卵状球形，果红色至深紫色，被包于宿存的花萼内。

【生境及分布】生于海拔2 000~4 500m的草地、疏林中或沟谷旁。分布于西藏、青海、甘肃、四川及云南等省区。

【资源评价】全草入药，清肺化痰，可治疗咳喘痰稠等。藏药以根入药治疗肺部疾病，以果实入药治疗心脏疾病。

【中文学名】藏玄参

【拉丁学名】*Oreosolen wattii* Hook. f.

【隶属关系】玄参科藏玄参属

【主要形态特征】多年生草本。高不过5cm，全体被腺毛。叶莲座状，叶片大而厚，心形、扇形或卵形，边缘具钝齿，网脉强烈凹陷。花簇生于叶腋；花萼裂片条状披针形，果期宿存；花冠黄色，二唇形。蒴果卵球形，顶端渐尖。

【生境及分布】生于海拔3 000～5 100m的高山草甸。分布于青海和西藏。

【资源评价】具有清热解毒、去肿化瘀和生津止渴的功效。藏药以全草入药，治疗跌打损伤、筋骨疼痛、气滞闪腰、浮肿后流黄水、关节积黄水和骨质疏松。

【中文学名】长果婆婆纳

【拉丁学名】*Veronica ciliata* Fisch.

【隶属关系】玄参科婆婆纳属

【主要形态特征】多年生草本。植株高6~25cm，全株被长柔毛。根状茎短，具多数须根。叶对生，叶片卵形至卵状披针形，边缘具锯齿或全缘，两面被柔毛至近无毛。总状花序通常2~4枝，侧生于茎顶或分枝顶端的叶腋，呈假顶生状，花序短而密集，密被长柔毛；苞片条状披针形；花冠蓝色或蓝紫色。蒴果长卵形，被长柔毛；种子黄色。

【生境及分布】生于海拔3 400~4 800m的高山草地、河滩及林下。分布于西藏。

【资源评价】具有祛风利湿和清热解毒的功效。主治风湿痹症、外感发热、黄疸、肝炎、胆囊炎、风湿痛和荨麻疹。

【中文学名】短穗兔耳草

【拉丁学名】*Lagotis brachystachya* Maxim.

【隶属关系】玄参科兔耳草属

【主要形态特征】多年生矮小草本。高1~5cm。根颈外为密集的纤维状老叶残留物包裹。匍匐茎淡紫红色。叶全部基生，莲座状；叶片宽条形至披针形，全缘，叶柄下部宽而有翅。花葶多数；穗状花序密集；花冠白色、粉红色或蓝紫色。蒴果卵圆形，红色，光滑无毛。

【生境及分布】生于海拔3 200~4 500m的高山、草原、河滩或湖边砂质草地。分布于甘肃、青海、四川及西藏等省区。

【资源评价】全草入药，可治疗高血压、肺病和肺炎等。果实入药，用于排出胸腔积液。根茎等可作牲畜饲料。

【中文学名】阿拉善马先蒿

【拉丁学名】*Pedicularis alaschanica* Maxim.

【隶属关系】玄参科马先蒿属

【主要形态特征】多年生草本。高8～40cm。茎多条，密被锈色绒毛。叶茎生者下部对生，叶片披针状矩圆形至卵状矩圆形，裂片条形，边缘有细锯齿。花序穗状；苞片叶状；花冠黄色。花期7—8月。

【生境及分布】生于草甸、冲积扇、灌丛草甸、河谷、河滩及路边。分布于青海、甘肃、宁夏、内蒙古及西藏等省区。

【资源评价】民间可代替夏枯草入药，主治淋巴结核、淋巴腺炎、高血压和甲状腺肿大等。

【中文学名】管状长花马先蒿

【拉丁学名】*Pedicularis longiflora* Rudolph. var. *tubiformis*

【隶属关系】玄参科马先蒿属

【主要形态特征】沼泽生草本。高5～20cm。叶披针形至狭披针形，羽状深裂至全裂。花腋生；花冠黄色，具长6mm的喙，喉部具2个棕红色或紫褐色的色斑。

【生境及分布】喜冷湿，喜光。生于海拔2 700～5 200m的高山草甸、沼泽及林缘湿地。西藏广泛分布，云南西北部、四川西部以及沿喜马拉雅山脉诸国也有分布。

【资源评价】花色艳丽，常常形成大片群落，是很好的高原观赏花卉。花入药，具有清热解毒、强筋利水和固精的功效。用于风热症、肉食中毒、高烧神昏谵语、水肿和遗精等。藏药用于补肾和消除水肿。

【中文学名】碎米蕨叶马先蒿

【拉丁学名】*Pedicularis cheilanthifolia* Schrenk

【隶属关系】玄参科马先蒿属

【主要形态特征】多年生草本。高5~40cm。茎直立，单生或丛生，不分枝，具4条毛线。基生叶丛生；茎生叶4枚轮生，二回羽裂。花序近头状至总状；萼脉上有密毛；花冠紫红色退至白色，二唇形，花冠管向前膝屈，上唇弓曲，端部有短喙。

【生境及分布】生于海拔2 150~4 900m的河滩和水沟等水分充足之处；也见于阴坡桦木林或草坡中。分布于甘肃西部、青海、新疆及西藏等地区。

【资源评价】根入药，具有祛湿止痛和强心安神的功效；花入药，具有利尿消肿和滋补的功效。

【中文学名】美丽马先蒿

【拉丁学名】*Pedicularis bella* Hook. f.

【隶属关系】玄参科马先蒿属

【主要形态特征】一年生草本。莲花高约8cm，丛生，全株被白毛。叶卵状披针形，集生基部，膜质，鞘状，被疏毛，羽状浅裂。花萼长1.2~1.5cm，前方裂至1/3，萼齿5；花冠深玫瑰紫色，花冠筒色较浅，上唇稍镰状弓曲，喙细，多少卷曲。蒴果斜长圆形，伸出宿萼约1倍，有短凸尖。

【生境及分布】生于海拔4 200~5 880m的潮湿草地中。分布于西藏。

【资源评价】花色艳丽，是很好的高原观赏花卉。

【中文学名】密花角蒿

【拉丁学名】*Incarvillea compacta* Maxim.

【隶属关系】紫葳科角蒿属

【主要形态特征】多年生草本。根肉质，圆锥状。一回羽状复叶，聚生于茎基部；侧生小叶2~6对，卵形；顶端小叶近卵圆形，比侧生小叶大，全缘。总状花序密集，聚生于茎顶端；花萼钟形，绿色或紫红色；花冠筒外面紫色，具黑色斑点，内面具少数紫色条纹，裂片圆形，先端微凹，具腺体；花柱长达4cm，柱头扇形。蒴果长披针形。

【生境及分布】生于空旷石砾山坡及草灌丛中。分布于甘肃、青海、四川、云南及西藏等省区。

【资源评价】具有清热、解毒、燥湿和消食的功效。主治发热、黄疸、中耳炎、消化不良、胃痛和腹胀便秘。

【中文学名】藏波罗花

【拉丁学名】*Incarvillea younghusbandii* Sprague

【隶属关系】紫葳科角蒿属

【主要形态特征】矮小宿根草本。高3～20cm，无茎。叶根生，平铺于地，一回羽状分裂；顶生小叶卵形至圆形，侧生小叶卵状椭圆形，上面粗糙，具泡状隆起，有钝齿。短总状花序顶生；花冠紫红色或粉红色，花冠管橘黄色。

【生境及分布】生于海拔3 600～5 000m的高山沙质草甸及山坡砾石垫状灌丛中。分布于青海和西藏。

【资源评价】具有较好的观赏性。根可药用，具有滋补强壮的功效，可治疗产后少乳、久病虚弱、头晕和贫血。藏药用于治疗耳部疾病，也有消除腹部肿胀的功效。

【中文学名】平车前

【拉丁学名】*Plantago depressa* Willd.

【隶属关系】车前科车前属

【主要形态特征】一年生或二年生草本。直根圆柱状。叶基生呈莲座状，椭圆形或卵状披针形，基部楔形。花葶直立或弓曲上升，穗状花序顶端花密集。蒴果卵状椭圆形至圆锥状卵形；种子长圆形。

【生境及分布】生于草地、河滩、沟边、草甸、田间及路旁。分布于中国各省区市。

【资源评价】全草药用，具有利尿、清热和明目的功效。藏药用于止泻。

【中文学名】猪殃殃

【拉丁学名】*Galium aparine* L. var. *tenerum*（Gren. et Godr.）Rchb.

【隶属关系】茜草科拉拉藤属

【主要形态特征】多枝、蔓生或攀缘状草本。茎有4棱角，棱上、叶缘及叶脉上均有倒生的小刺毛。叶纸质或近膜质，带状倒披针形或长圆状倒披针形，顶端有针状凸尖头。聚伞花序腋生或顶生；花萼被钩毛；花冠黄绿色或白色，辐状，裂片长圆形，镊合状排列；子房被毛，花柱2裂至中部，柱头头状。果干燥，密被钩毛。

【生境及分布】生于海拔20～4 600m的山坡、旷野、沟边、河滩、田中、林缘及草地。中国除海南外，各省区市均有分布。

【资源评价】为夏熟旱作物田恶性杂草，同时又是有具降压和抗癌作用的中药材。全草入药，具有清热解毒、消肿止痛、利尿和散瘀的功效；治疗淋浊、尿血、跌打损伤、肠痈、疖肿和中耳炎等。

【中文学名】毛花忍冬

【拉丁学名】*Lonicera trichosantha* Bur. et Franch.

【隶属关系】忍冬科忍冬属

【主要形态特征】落叶灌木。叶纸质，下面绿白色，形状变化很大，通常矩圆形、卵状矩圆形或倒卵状矩圆形，较少椭圆形、圆卵形或倒卵状椭圆形，顶端钝而常具凸尖或短尖至锐尖，基部圆或阔楔形。苞片条状披针形，萼齿三角形。花冠黄色，外面密被短糙伏毛和腺毛，内面喉部密生柔毛；雄蕊和花柱均短于花冠，花丝生于花冠喉部，基部有柔毛；花柱稍弯曲，全被短柔毛，柱头大，盘状。果实由橙黄色转为橙红色至红色，圆形。

【生境及分布】生于海拔2 700~4 100m的林下、林缘、河边或田边的灌丛中。分布于陕西、甘肃、四川、云南及西藏等省区。

【资源评价】全花入药，治疗鼻出血、吐血和肠热等。

【中文学名】岩生忍冬

【拉丁学名】*Lonicera rupicola* Hook. f. et Thoms.

【隶属关系】忍冬科忍冬属

【主要形态特征】落叶灌木。幼枝和叶柄均被屈曲、白色短柔毛和微腺毛，或有时近无毛。叶纸质，条状披针形、矩圆状披针形至矩圆形。花生于幼枝基部叶腋，芳香；总花梗极短；苞片叶状，条状披针形至条状倒披针形；花冠淡紫色或紫红色，呈筒状钟形，外面常被微柔毛和微腺毛。果实红色，为椭圆形；种子淡褐色，矩圆形，扁。

【生境及分布】生于海拔2 100～4 950m高山灌丛草甸、流石滩边缘、林缘河滩草地或山坡灌丛中。分布于宁夏南部、甘肃（临潭）、青海东南部、四川西部、云南西北部及西藏东部至西南部。

【资源评价】其花为常用中药金银花的来源植物之一，具有抑菌、抗病毒、解热、抗炎、保肝、止血、抗氧化及免疫调节等功效。主治痈肿疔疮、喉痹、丹毒、热毒血痢、风热感冒和温病发热等。藏药以其果实入药，主要用于治疗心脏病和妇科炎症。

【中文学名】青海刺参

【拉丁学名】*Morina kokonorica* K. S. Hao

【隶属关系】忍冬科刺参属

【主要形态特征】多年生草本。茎单1,稀具2或3分枝。基生叶簇生,坚硬,线状披针形,边缘具深波状齿,裂片边缘有硬刺;茎生叶常轮生。轮伞花序6~8轮,花冠二唇形。花期6—8月,果期8—9月。

【生境及分布】生于砂石质山坡、山谷草地和河滩上。分布于甘肃南部、青海、四川西北部和西藏东部及中部。

【资源评价】幼嫩全草及花入药,具有健胃的功效,大剂量则催吐。花入药外用治疗疥疮、化脓性创伤和肿瘤。藏药中主要用作催吐药物。

【中文学名】灰毛蓝钟花

【拉丁学名】*Cyananthus incanus* Hook. f. et Thoms.

【隶属关系】桔梗科蓝钟花属

【主要形态特征】多年生小草本。茎丛生，被短柔毛。叶互生，两面被短硬毛，边缘反卷，有波状浅齿或近全缘。单花顶生；花萼短筒状，萼齿三角形，密被倒伏刚毛；花冠蓝紫色或深蓝色，裂片5，狭倒卵形或矩圆形，喉部密生长柔毛。蒴果超出花萼；种子矩圆状，淡褐色。

【生境及分布】生于海拔3 100~5 350m的高山草地、灌丛草地、林下、路边及河滩草地中。主要分布于云南和西藏。

【资源评价】全草用于小儿体虚和劳伤疼痛。

【中文学名】半卧狗娃花

【拉丁学名】*Heteropappus semiprostratus* Griers.

【隶属关系】菊科狗娃花属

【主要形态特征】多年生草本。根状茎短，复生出多数簇生的茎，茎平卧或斜升，基部有分枝或有时叶腋具有密叶的不育枝。叶线形或匙形，全缘，两面贴生柔毛和腺毛。头状花序单生于枝顶；总苞半球形，总苞片3层；舌状花，舌片紫色或蓝色；管状花黄色，冠毛浅棕红色。瘦果倒卵形，被绢毛，上部有腺。

【生境及分布】生于海拔3 200~4 600m的干燥多砂石的山坡、冲积扇上或河滩砂地。主要分布于青海和西藏。

【资源评价】藏药中主要用于治疗流行性疾病、溃疡和脉管炎。

【中文学名】青藏狗娃花

【拉丁学名】*Heteropappus bowerii*（Hemsl.）Griers.

【隶属关系】菊科狗娃花属

【主要形态特征】二年或多年生草本。低矮，垫状。茎单生或簇生，被白色密硬毛，上部常有腺。叶条形或条状匙形，质厚，两面密生白色长粗毛或上面近无毛。头状花序单生于茎端或枝端；总苞半球形，总苞片2~3层，条形或条状披针形；舌状花，舌片蓝紫色；管状小黄花。瘦果狭倒卵圆形，浅褐色，有黑斑，被疏细毛。

【生境及分布】生于海拔4 100~5 300m的高山砾石沙地。分布于青海、西藏及甘肃等省区。

【资源评价】花序用于治疗感冒咳嗽、咽痛和痧症。也可用作牲畜饲料。

【中文学名】缘毛紫菀

【拉丁学名】*Aster souliei* Franch.

【隶属关系】菊科紫菀属

【主要形态特征】多年生草本。根状茎粗壮，木质。茎单生或与莲座状叶丛丛生，直立，被疏长粗毛。莲座状叶与茎基部的叶倒卵圆形、长圆状匙形或倒披针形，下部渐狭成具宽翅而抱茎的柄，顶端钝或尖，全缘；下部及上部叶长圆状线形，叶两面被疏毛或近无毛。头状花序在茎端单生；总苞半球形；舌状花黄色，舌片蓝紫色；冠毛1层，紫褐色。瘦果卵圆形，稍扁，被密粗毛。

【生境及分布】生于海拔2 700～4 000m高山针叶林外缘、灌丛及山坡草地。分布于四川、甘肃、云南及西藏等省区。

【资源评价】根和茎可药用，具有消炎、止咳和平喘的功效。本种有时栽培供观赏用。

【中文学名】须弥紫菀

【拉丁学名】*Aster himalaicus* C. B. Clarke

【隶属关系】菊科紫菀属

【主要形态特征】多年生草本。根状茎粗壮，被枯叶残片。茎下部弯曲，从莲座状叶丛的基部斜升。莲座状叶倒卵形、倒披针形或宽椭圆形；茎基部叶倒卵圆形、长圆形。头状花序在茎端单生；总苞半球形；舌状花，舌片蓝紫色；管状花紫褐色或黄色，有短毛；冠毛白色，有微糙毛。瘦果卵圆形，扁，被褐色，被绢毛，上部有腺。

【生境及分布】生于海拔3 600～4 800m的高山草甸及针叶林下。分布于西藏南部及东部及云南西北部。

【资源评价】含黄酮类化合物。

【中文学名】火绒草

【拉丁学名】*Leontopodium leontopodioides*（Willd.）Beauv.

【隶属关系】菊科火绒草属

【主要形态特征】多年生草本。地下茎粗壮，分枝短。花茎直立，被灰白色长柔毛或白色近绢状毛。叶条形或条状披针形，上面被柔毛，下面被白色或灰白色密绵毛或有时被绢毛。头状花序密集；总苞被长柔毛。

【生境及分布】生于沟边、林中、路边、山坡及灌丛。分布于新疆、青海、甘肃、陕西、山西、内蒙古、河北、辽宁、吉林、黑龙江及西藏等省区。

【资源评价】适用于岩石园栽植或盆栽观赏。具有清热凉血和益肾利水的功效，主治急慢性肾炎和尿血。用于治疗关节疼痛和跌打损伤，对肾炎的治疗效果也很显著。

【中文学名】弱小火绒草

【拉丁学名】*Leontopodium pusillum*（Beauverd）Hand. -Mazz.

【隶属关系】菊科火绒草属

【主要形态特征】矮小多年生草本。根状茎分枝细长，顶端有1个或数个不育的或生长花径的莲座状叶丛。花茎极短，细弱，被白色密茸毛。叶匙形或线状匙形，两面被白色或银白色密茸毛；苞叶多数，被白色密绵毛。头状花序3~7个密集，稀单生；总苞片约3层，被白色长柔毛状茸毛。

【生境及分布】生于海拔3 500~5 000m高山雪线附近的草滩地、盐湖或石砾地，常常大片生长，成为草滩上的主要植物。分布于西藏南部、中部、东北部，青海北部及新疆南部。

【资源评价】株型小，产量低，草质中等，适口性一般。用其花和叶制作藏医"火灸"。

【中文学名】木根香青

【拉丁学名】*Anaphalis xylorhiza* Sch. -BiP. ex Hook. f.

【隶属关系】菊科香青属

【主要形态特征】根状茎粗壮，灌木状，多分枝。上部有顶生的莲座状叶丛和花茎，常密集成垫状。茎直立，被白色或灰白色蜘蛛丝状毛或薄绵毛。叶两面被白色或灰褐色疏绵毛，有明显的三出脉。头状花序5~10个，密集成复伞房状；总苞片约5层，被绵毛；花冠管状和丝状。

【生境及分布】生于海拔3 800~5 000m的高山草地、草原或砾石山坡。分布于西藏南部。

【资源评价】低等饲用植物。

【中文学名】灌木亚菊

【拉丁学名】*Ajania fruticulosa*（Ledeb.）Poljak.

【隶属关系】菊科亚菊属

【主要形态特征】小半灌木，高8~40cm。花枝灰白色或灰绿色，被稠密或稀疏的短柔毛。中部茎叶全形圆形、扁圆形、三角状卵形、肾形或宽卵形。规则或不规则二回掌状或掌式羽状3~5分裂；一回、二回全部全裂；一回侧裂片1对或不明显2对，常3出；末回裂片线钻形、宽线形、倒长披针形，两面同被等量的顺向贴伏的短柔毛。头状花序在枝端排成伞房或复伞房花序；总苞片4层；花黄色。

【生境及分布】生于海拔550~4 400m的荒漠及荒漠草原。分布于内蒙古、陕西、甘肃、青海、新疆及西藏等省区。

【资源评价】中等饲用植物。营养期内粗蛋白质含量较高，结实后降低。藏药主要用于治疗各种炎症。

【中文学名】铺散亚菊

【拉丁学名】*Ajania khartensis*（Dunn）C. Shih

【隶属关系】菊科亚菊属

【主要形态特征】多年生铺散草本。高10~20cm。全株密被柔毛。叶二回掌状或近掌状3~5全裂。头状花序少数或多数，在茎顶排成复伞房花序；总苞片被柔毛，边缘褐色宽膜质；管状小花黄色。花期8—9月。

【生境及分布】生于海拔2 500~5 300m的山坡。分布于宁夏、甘肃、青海、四川、云南及西藏等省区。

【资源评价】多型种，可从中提取挥发油，属于低等饲用植物。

【中文学名】臭蒿

【拉丁学名】*Artemisia hedinii* Ostenf. in Hedin

【隶属关系】菊科蒿属

【主要形态特征】一年生草本。植株有浓烈臭味。根单一、垂直。茎单生，具纵棱。茎、枝无毛或疏被短腺毛状短柔毛。基生叶密集成莲座状，叶绿色。头状花序半球形或近球形；总苞片微被腺毛，边缘褐色膜质；管状小花紫红色。花果期7—10月。

【生境及分布】多生于海拔2 000～5 000m的湖边草地、河滩、砾质坡地、田边、路旁及林缘。分布于内蒙古、甘肃、青海、新疆、四川、云南及西藏等省区。

【资源评价】全草入药，具有清热、解毒、凉血、消炎、除湿、杀虫和退黄的功效。主治湿热黄疸、胆囊炎、痈肿毒疮、湿疹疥癣和毒蛇咬伤。地上部分治疗急性黄疸型肝炎和胆囊炎。

【中文学名】冻原白蒿

【拉丁学名】*Artemisia stracheyi* Hook. f. et Thoms. ex C. B. Clarke

【隶属关系】菊科蒿属

【主要形态特征】多年生草本。根粗大，木质。茎多数，密集，通常不分枝。基生叶与茎下部叶狭长卵形、长圆形或长椭圆形，二至三回羽状全裂；中部叶与上部叶略小，一至二回羽状全裂；苞片叶羽状全裂或不分裂，裂片或不分裂的苞片叶狭线状披针形或狭线形。头状花序半球形，有短梗，下垂，在茎上排成总状花序或为密穗状花序状的总状花序；管状小黄花。瘦果倒卵形。

【生境及分布】多生于海拔4 300～5 100m附近的山坡、河滩或湖边等砾质滩地、草甸与灌丛。分布于西藏。

【资源评价】因植株有臭味，青嫩期牲畜少食；干枯后，牦牛和藏羊均喜食，马也采食。粗蛋白质含量较高，粗纤维含量低，是高寒地带较好的牧草之一。藏药用于药浴药材，可疏通胫骨。

【中文学名】垫型蒿

【拉丁学名】*Artemisia minor* Jacquem. ex Besser

【隶属关系】菊科蒿属

【主要形态特征】半灌木状草本。高10～15cm。全株密被丝状绵毛。茎丛生，直立，少分枝。茎下部与中部叶近圆形至肾形，二回羽状全裂。头状花序，直径3～10mm；总苞片密生绵毛，边缘紫色宽膜质；管状小花紫色。花期7—8月。

【生境及分布】生于山坡、山谷、河漫滩、洪积扇、盐湖边、冰渍台或砾质草地。分布于西藏、甘肃、青海及新疆等省区。

【资源评价】在高寒地带，可食优良牧草稀少的情况下，在夏季和秋季仍是牲畜采食的主要牧草之一，牦牛、山羊和马均喜食，特别是秋季霜后，采食量增加，也是抓膘的良好饲草。

【中文学名】藏白蒿

【拉丁学名】*Artemisia younghusbandii* J. R. Drumm. ex Pamp.

【隶属关系】菊科蒿属

【主要形态特征】半灌木状草本。根木质。根状茎粗，并具多数营养枝。茎下部木质，上部半木质；分枝多而长，近平展或斜展；茎、枝、叶两面及总苞片背面密被灰白色或灰黄色绒毛。茎下部与中部叶宽卵形、卵形或近肾形。头状花序半球形或宽卵形，有短梗或近无梗，斜展或下垂，在小枝端单生或数枚集生，而在分枝上排成疏散的总状花序状，并在茎上组成开展的圆锥花序；花序托凸起，圆锥形，有白色托毛；花冠管状。花果期7—10月。

【生境及分布】生于海拔4 000～4 650m的河谷、滩地、阶地、山坡、路旁、砾质坡地与砾质草地上。为西藏特有种。

【资源评价】较稀有、珍贵，可用作药材。

【中文学名】纤杆蒿

【拉丁学名】*Artemisia demissa* Krasch.

【隶属关系】菊科蒿属

【主要形态特征】一年或二年生草本。主根细,单一。茎少数、成丛,稀少单一,自下部分枝,枝多,通常与侧边茎均匍地生长;茎通常紫红色。叶质稍薄;基生叶与茎下部叶长圆形或宽卵形,二回羽状全裂,小裂片狭线状披针形或狭长椭圆状披针形。头状花序卵球形,在茎端或在分枝上排成短穗状花序;花冠狭管状或狭圆锥状。瘦果倒卵形。

【生境及分布】生于海拔2 600~4 800m的山谷、山坡、路旁、沙质、草坡和砾质草地上。分布于西藏、甘肃、四川、内蒙古及青海等省区。

【资源评价】青海民间取本种基生叶、幼苗及幼叶作"茵陈"的代用品。全草治疗咽喉、肺、肝热病和胆病。

【中文学名】日喀则蒿

【拉丁学名】*Artemisia xigazeensis* Ling et Y. R. Ling

【隶属关系】菊科蒿属

【主要形态特征】多年生半灌木或小灌木状草本。主根粗而长，木质。根状茎木质，粗短，有多条营养枝；茎紫褐色或茶褐色，有不明显的纵棱，分枝多；茎、枝、叶初时被灰白色微柔毛，后脱落。基生叶、茎下部叶与营养枝叶长圆形，（一至）二回羽状全裂，每侧裂片4~5枚。头状花序卵球形或卵钟形，排成穗状花序式的总状花序或复总状花序，并在茎上组成狭窄的圆锥花序；总苞片3层；花冠狭圆锥状。瘦果倒卵形。

【生境及分布】一般生于海拔2 700~4 600m的石质山坡、草地或路旁等。分布于西藏、青海及甘肃等省区。

【资源评价】青绿时家畜几乎不采食，枯黄后绵羊和山羊喜食，干枯后的枝叶冬季保留尚好，适宜家畜冷季放牧利用，是当地重要的冷季饲草之一。

【中文学名】藏沙蒿

【拉丁学名】*Artemisia wellbyi* Hemsl. et Pears. ex Deasy

【隶属关系】菊科蒿属

【主要形态特征】多年生半灌木状丛生草本。茎丛生，下部木质。下部叶卵形或椭圆形，质厚，初被柔毛，后光滑，二回羽状全裂；中部叶一回羽状全裂。头状花序在茎或分枝上排成穗状花序式的总状花序或穗状花序，此花序在茎上组成狭而稀疏的圆锥花序；总苞片3~4层；花冠狭圆锥状或狭管状。瘦果倒卵形。

【生境及分布】生于海拔3 600~5 300m的河湖边沙砾地、山坡草地、砾质坡地及高山草原和高山草甸附近。为西藏特有种。

【资源评价】饲用植物。在青藏高原分布广，适应性强，富含脂肪，青草期牲畜采食较少，但晚秋霜后异味减少，冬春枯草期，牛和马采食，羊喜食，是羊的抓膘草。在藏药中用于治疗消炎和止内脏出血。

【中文学名】毛莲蒿

【拉丁学名】*Artemisia vestita* Wall. ex Besser

【隶属关系】菊科蒿属

【主要形态特征】多年生半灌木或小灌木状草本。有香味。茎丛生，多分枝，被微毛。叶绿色或灰绿色，被绒毛，中下部叶二回栉齿状分裂，裂片状，中轴有栉齿。头状花序，下垂；总苞片被微毛，边缘膜质；管状小花黄色。瘦果长圆形或倒卵状椭圆形。

【生境及分布】生于海拔2 000~4 000m的山坡、草地、灌丛或林缘。分布于甘肃、青海、新疆、湖北、广西、四川、贵州、云南及西藏等省区。

【资源评价】入药，具有清热、消炎、祛风和利湿的功效。

【中文学名】大籽蒿

【拉丁学名】*Artemisia sieversiana* Ehrhart ex Willd.

【隶属关系】菊科蒿属

【主要形态特征】一年或二年生草本。茎单生，直立。茎、枝被灰白色微柔毛。头状花序大，多数，半球形或近球形，基部常有线形的小苞叶，在分枝上排成总状花序或复总状花序，而在茎上组成开展或略狭窄的圆锥花序；花序托凸起，半球形，有白色托毛；花冠管状，花药披针形或线状披针形。瘦果长圆形。

【生境及分布】生于海拔500～4 200m的路旁、荒地、河漫滩、草原、森林草原、干山坡或林缘等。分布于黑龙江、吉林、辽宁、内蒙古、河北、山西、陕西、宁夏、甘肃、青海、新疆、四川、贵州、云南及西藏等省区。

【资源评价】营养价值较高，青鲜状态下，牲畜不愿采食，打霜后作为牧区牲畜冬季饲料。药用具有清热解毒和消炎止痛的功效。

【中文学名】牛膝菊

【拉丁学名】*Galinsoga parviflora* Cav.

【隶属关系】菊科牛膝菊属

【主要形态特征】一年生草本。茎散生贴伏的短柔毛和腺状短柔毛。叶对生,卵形或长椭圆状卵形,基出三脉或不明显的五出脉,上部叶较小,通常披针形。头状花序有长梗,排成疏松的伞房花序;总苞半球形或宽钟状,宽 3~6mm;舌状花4~5枚,舌片白色,顶端3齿裂;管状花冠黄色;托片倒披针形或长倒披针形。瘦果黑色或黑褐色。

【生境及分布】喜冷凉气候条件,不耐热。生于山坡草地、河谷、疏林下、旷野、河岸、溪边、田间、路旁、果园或宅旁。分布于四川、云南、贵州及西藏等省区。

【资源评价】是一种难以去除的杂草,适应能力强,发生量大,对农田作物、蔬菜和果树等都有严重影响。

【中文学名】波斯菊

【拉丁学名】*Cosmos bipinnata* Cav.

【隶属关系】菊科秋英属

【主要形态特征】一年生或多年生草本。根纺锤状，多须根。茎无毛或稍被柔毛。叶二次羽状深裂，裂片线形或丝状线形。头状花序单生；总苞片外层披针形或线状披针形，近革质，淡绿色，具深紫色条纹；舌状花紫红色，粉红色或白色，舌片椭圆状倒卵形；管状花黄色，管部短，上部圆柱形，有披针状裂片。瘦果黑紫色，无毛，上端具长喙，有2~3尖刺。花期6—8月，果期9—10月。

【生境及分布】为喜光植物，耐贫瘠土壤。原产于美洲墨西哥，中国广泛栽培，在路旁、田埂及溪岸也常自生。

【资源评价】可作园艺和观赏植物。

【中文学名】星状雪兔子

【拉丁学名】*Saussurea stella* Maxim.

【隶属关系】菊科风毛菊属

【主要形态特征】无茎草本。高1~3cm，叶莲座状，线形，中部以上长渐尖，全缘，基部扩大，紫红色，两面光滑。头状花序无梗，多数，密集呈半球形；总苞片紫红色；花冠紫红色。瘦果顶端具膜质的冠状边缘。

【生境及分布】生于海拔2 000~5 400m的高山草地、山坡灌丛草地、河边、沼泽草地或河滩地。分布于甘肃、青海、四川、云南及西藏等省区。

【资源评价】为雪莲的来源植物之一。全草入药，主治流行性感冒、咽肿痛、风湿性关节炎、高山不适、月经不调和胎衣不下等症。藏药主要用于治疗头部外伤，也可解毒。

【中文学名】重齿风毛菊

【拉丁学名】*Saussurea katochaete* Maxim.

【隶属关系】菊科风毛菊属

【主要形态特征】多年生无茎莲座状草本。根垂直直伸。根状茎短，被稠密的纤维状撕裂的叶柄残迹。叶莲座状，有宽叶柄，被稀疏的蛛丝毛或无毛，叶片椭圆形、椭圆状长圆形、匙形、卵状三角形或卵圆形。头状花序1个，无花序梗或有短花序梗，单生于莲座状叶丛中，极少植株有2～3个头状花序；总苞宽钟状；小花紫色。瘦果褐色。

【生境及分布】生于海拔2 230～4 700m的山坡草地、山谷沼泽地、河滩草甸、林缘。分布于甘肃、青海、四川、云南及西藏等省区。

【资源评价】藏药中用于消除水肿。

【中文学名】水母雪兔子

【拉丁学名】*Saussurea medusa* Maxim.

【隶属关系】菊科风毛菊属

【主要形态特征】多年生草本。茎直立，密被白色绵毛。叶密集，下部叶倒卵形、扇形、圆形或长圆形至菱形；全部叶两面同色或几同色，灰绿色，被稠密或稀疏的白色长绵毛。头状花序多数，在茎端密集成半球形的总花序；苞叶线状披针形，两面被白色长绵毛；总苞狭圆柱状，总苞片外层长椭圆形，紫色；小花蓝紫色。瘦果纺锤形，浅褐色。冠毛白色，羽毛状。

【生境及分布】生于海拔3 000~5 600m的多砾石山坡或高山流石滩。分布于甘肃、青海、四川、云南及西藏等省区。

【资源评价】全草入药，主治风湿性关节炎、高山不适症和月经不调。

【中文学名】蒲公英

【拉丁学名】*Taraxacum mongolicum* Hand. -Mazz.

【隶属关系】菊科蒲公英属

【主要形态特征】矮小草本。根圆柱状,黑褐色。具乳汁,叶片一般为倒披针形,浅裂至深裂,每侧具3~5裂片,裂片三角形,相互连接或稍有间距。花葶上部疏生蛛丝状毛或无毛;总苞钟状,淡绿色;舌状花花黄色;边缘花舌片背面具紫红色条纹。瘦果倒卵状披针形,暗褐色;冠毛白色。

【生境及分布】广泛生于中、低海拔地区的山坡草地、路边、田野及河滩。分布于黑龙江、吉林、辽宁、内蒙古、河北、山西、陕西、甘肃、青海及云南等省区。

【资源评价】可作为野菜食用,也可用作牲畜饲料。药用具有清热解毒和利尿散结等功效。

【中文学名】喜马拉雅垂头菊

【拉丁学名】*Cremanthodium decaisnei* C. B. Clarke

【隶属关系】菊科垂头菊属

【主要形态特征】多年生草本。茎单生，直立，高6～25cm，上部密被褐色有节柔毛，下部光滑。叶片肾形或圆肾形，先端圆形，边缘具浅的不整齐的圆钝齿。头状花序单生，下垂，辐射状；舌状花黄色。

【生境及分布】生于海拔3 500～5 400m的草地、高山草甸、高山流石滩。分布于西藏、云南西北部、四川西南部至西北部、青海西南部及甘肃西南部等省区。

【资源评价】全草入药，具有健胃和止咳等功效。藏药中主要用于植物中毒的解毒。也可作牲畜饲料。

【中文学名】车前状垂头菊

【拉丁学名】*Cremanthodium ellisii*（Hook. f.）S. Kitamura

【隶属关系】菊科垂头菊属

【主要形态特征】多年生草本。根肉质，茎直立，单生。基生叶具宽柄，叶片卵形、宽椭圆形至长圆形，叶脉羽状；茎生叶卵形、卵状长圆形至线形，向上渐小，全缘或边缘有小齿，具鞘或无鞘，半抱茎。头状花序，通常单生，或排列成伞房状总状花序，下垂，辐射状，花序梗长被铁灰色柔毛；总苞半球形，被密的铁灰色柔毛；舌状花黄色，舌片长圆形。瘦果长圆形。

【生境及分布】生于海拔3 400～5 600m的地区，一般生于沼泽草地、高山流石滩及河滩。分布于甘肃、云南、青海及西藏等省区。

【资源评价】全草入药，具有祛痰止咳和宽胸利气的功效。主治痰喘咳嗽、痨伤及老年虚弱头痛。

【中文学名】牛蒡

【拉丁学名】*Arctium lappa* L.

【隶属关系】菊科牛蒡属

【主要形态特征】多年生草本。高50～150cm。茎直立，多分枝。基生叶丛生；茎生叶互生，叶片宽卵形，全缘或有不规则波状齿，基部心形，下面密被灰白色茸毛，叶柄被白色蛛丝状毛。头状花序簇生或排成伞房状；总苞片披针形或线形，坚硬，顶端钩状弯曲；小花管状，淡紫色。瘦果扁卵形，冠毛短刚毛状。

【生境及分布】多生于山野路旁、沟边、荒地、山坡向阳草地、林边和村镇附近。分布于中国东北、西北、中南及西南等省区市。

【资源评价】果实具有疏散风热、宣肺透疹和散结解毒的功效。根具有清热解毒和疏风利咽的功效。

【中文学名】葵花大蓟

【拉丁学名】*Cirsium souliei*（Franch.）Mattf.

【隶属关系】菊科蓟属

【主要形态特征】多年生铺散草本。无茎或几无茎。叶矩圆状披针形或窄披针形，羽状浅裂或深裂，裂片顶端和边缘具小刺，两面疏被长柔毛。头状花序无梗或近无梗，数个集生于莲座状叶丛中；总苞顶端有长刺尖，边缘自中部或自基部起有小刺；花冠红紫色。瘦果浅黑色，稍压扁；冠毛白色或污白色，长羽毛状。

【生境及分布】生于海拔1 930～4 800m的山坡路旁、林缘、荒地、河滩地、田间及水旁潮湿地。分布于甘肃、青海、四川及西藏等省区。

【资源评价】具有凉血止血和散瘀消肿的功效。常用于吐血、衄血、尿血、崩漏和痈肿疮毒。

【中文学名】刺儿菜

【拉丁学名】*Cephalanoplos segetum*（Bge.）Kitam.

【隶属关系】菊科蓟属

【主要形态特征】多年生草本。茎直立，茎枝有条棱，被长毛。基生叶有柄，叶片倒披针形或倒卵状椭圆形，自基部向上的叶渐小，与基生叶同形并等样分裂。总苞钟状，覆瓦状排列，向内层渐长；外层与中层卵状三角形至长三角形，先端有短刺；内层披针形或线状披针形，先端渐尖呈软针刺状；花两性，全部为管状花；花冠紫色或紫红色。瘦果长椭圆形，稍扁；冠毛羽状，暗灰色。

【生境及分布】生于山野和路旁。中国大部分地区均有分布。

【资源评价】具有凉血止血和散瘀消肿的功效。常用于吐血、衄血、尿血、崩漏和痈肿疮毒。可供冬春制粉喂猪。为秋季蜜源植物。刺儿菜的嫩苗又是野菜，炒食和做汤都可以。

【中文学名】藏蓟

【拉丁学名】*Cirsium lanatum*（Roxb. ex Willd.）Spreng.

【隶属关系】菊科蓟属

【主要形态特征】一年生草本。茎直立，被稠密的蛛丝状绒毛或变稀毛。下部茎叶长椭圆形、倒披针形或倒披针状长椭圆形，羽状浅裂或半裂；全部侧裂片半圆形、宽卵形或半椭圆形，齿顶有长硬针刺，齿缘有缘毛状针刺；全部叶质地较厚，两面异色，上面绿色，无毛，下面灰白色，被密厚的绒毛，或两面灰白色，被绒毛，但下面的更为稠密或密厚。头状花序多数在茎枝顶端排成伞房花序或少数作总状花序式排列；总苞卵形或卵状长圆形；小花紫红色。瘦果楔状；冠毛污白色至浅褐色，冠毛刚毛长羽毛状。

【生境及分布】生于海拔500~4 300m的山坡草地、潮湿地、湖滨地或村旁及路旁。分布于西藏、青海、甘肃及新疆等省区。

【资源评价】根可食，以主根最有营养。藏药中主要用于催吐。

【中文学名】合头菊

【拉丁学名】*Syncalathium kawaguchii*（Kitam.）Y. Ling

【隶属关系】菊科合头菊属

【主要形态特征】一年生草本。高1～5cm。根垂直直伸。茎极短缩，在接团伞花序处增粗。茎叶及团伞花序下方莲座状叶丛的叶倒披针形或椭圆形，边缘有细浅齿或重锯齿，顶端圆形或钝，基部楔形渐窄成翼柄，全部叶两面无毛，暗紫红色。头状花序少数或多数，团伞花序；总苞狭圆柱状，小苞片线形；总苞椭圆形或椭圆状披针形；舌状小花紫红色，舌片顶端截形，5微齿。瘦果长倒卵形，压扁，褐色。

【生境及分布】生于海拔3 800～5 400m的山坡及河滩砾石地、流石滩。分布于西藏。

【资源评价】具有疏风解毒和清热解毒的功效。用于外感风热引起的发热、恶风、头痛和头晕等；也用于跌打损伤和红肿疼痛等。花色美丽，可用作观赏植物。

【中文学名】海韭菜

【拉丁学名】*Triglochin maritimum* L.

【隶属关系】水麦冬科水麦冬属

【主要形态特征】多年生沼生草本。叶全部基生，半圆柱形；上部稍扁；基部鞘状。花葶直立，高5~55cm；总状花序有多数密生的花；心皮6，柱头毛笔状。蒴果椭圆形，具6棱。花果期6—10月。

【生境及分布】生于海拔700~5 150m的湿砂地、海边盐滩或海拔达3 900m的山坡湿草地。分布于中国东北、华北、西北及西南各省区市。

【资源评价】饲用价值较高的野生饲用植物，羊和山羊喜食。药用具有清热生津、解毒利湿和健脾止泻的功效。用于热盛伤津、胃热烦渴、小便淋痛、脾虚泄泻和眼痛。

【中文学名】早熟禾

【拉丁学名】*Poa annua* L.

【隶属关系】禾本科早熟禾属

【主要形态特征】一年生或冬性禾草本。秆直立或倾斜，质软，高可达30cm，平滑无毛。叶鞘稍压扁；叶片扁平或对折，质地柔软，常有横脉纹，顶端急尖呈船形，边缘微粗糙。圆锥花序宽卵形，小穗卵形，含小花，绿色；颖质薄，外稃卵圆形，顶端与边缘宽膜质；花药黄色。颖果纺锤形。

【生境及分布】生于海拔100～4 800m平原和丘陵的路旁草地、田野水沟或荫蔽荒坡湿地。分布于中国各省区市。

【资源评价】重要的放牧型禾本科牧草。放牧时间长，耐践踏，营养价值高。生长季长，从早春到秋季均有，营养丰富，各种家畜都喜采食。夏秋青草期是牦牛、藏羊和山羊的抓膘草。药用可降血糖。

【中文学名】中亚早熟禾

【拉丁学名】*Poa litwinowiana* Ovcz.

【隶属关系】禾本科早熟禾属

【主要形态特征】多年生草本。密丛，秆直立。叶鞘平滑无毛，叶舌钝圆，叶片线形。圆锥花序紧缩，狭窄，分枝孪生，斜升，粗糙；小穗含2~3小花，花期呈楔形，紫色，小穗轴被短毛，两颖均具3脉，椭圆形，顶端尖；外稃椭圆状长圆形，顶端钝，具5脉，脊与边脉下部具纤毛，背部脉间无毛，基盘具稀疏绵毛；内稃短于其外稃，两脊粗糙。

【生境及分布】生于海拔4 100~4 700m的山坡草地、砾石地或草甸。主要分布于四川、西藏、甘肃、青海及新疆等省区。

【资源评价】放牧利用价值较高的优等牧草。有较强的抗逆性和生活力，再生性强。

【中文学名】垂穗披碱草

【拉丁学名】*Elymus nutans* Griseb.

【隶属关系】禾本科披碱草属

【主要形态特征】多年生草本。高50~70cm。秆疏丛生，直立或基部膝曲。叶片扁平或内卷。穗状花序下垂，穗轴每节具2小穗；小穗略偏于穗轴一侧，成熟后带紫色；颖先端渐尖或具短芒；外稃被微毛，芒长10~20mm，反曲或稍展开。花期6—8月。

【生境及分布】多生于草原或山坡道旁和林缘。分布于内蒙古、河北、陕西、甘肃、青海、四川、新疆及西藏等省区。

【资源评价】从返青至开花前，马、牛和羊最喜食，尤其是马最喜食，开花后期至种子成熟，茎秆变硬则只食其叶子及上部较柔软部分。调制的青干草（开花前刈割），是冬季和春季马、牛和羊的良等保膘牧草。

【中文学名】老芒麦

【拉丁学名】*Elymus sibiricus* L.

【隶属关系】禾本科披碱草属

【主要形态特征】多年生丛生草本。秆单生或成疏丛，直立或基部稍倾斜，高60~90cm。叶片扁平。穗状花序较疏松而下垂，通常每节具2枚小穗；穗轴边缘粗糙或具小纤毛；小穗灰绿色或稍带紫色；颖先端渐尖或具短芒；外稃粗糙或被微毛，芒长15~20mm，稍展开或反曲。

【生境及分布】多生于路旁和山坡上。分布于内蒙古、河北、山西、陕西、甘肃、宁夏、青海、新疆、四川及西藏等省区。

【资源评价】富含蛋白质，为优良饲用植物。

【中文学名】赖草

【拉丁学名】*Leymus secalinus*（Georgi）Tzvel.

【隶属关系】禾本科赖草属

【主要形态特征】多年生草本。秆直立，较粗硬，单生或呈疏丛状。叶片平展或内卷。穗状花序直立；穗轴每节具小穗（1）2~3（4）枚；小穗轴被短柔毛；颖短于小穗，线状披针形；外稃披针形，被短柔毛，先端渐尖或具短芒；内稃与外稃等长，先端略显分裂。

【生境及分布】适宜赖草生长的土壤广泛。分布于新疆、甘肃、青海、西藏、陕西、四川、内蒙古、河北及山西等省区。

【资源评价】幼嫩时山羊和绵羊喜食，夏季适口性降低，秋季有所提高，可作为牲畜的抓膘牧草。又可用作防风固沙或水土保持的草种。药用具有清热利湿和止血的功效。主治感冒、淋病、赤白带下、哮喘、鼻出血和痰中带血。

【中文学名】白草

【拉丁学名】*Pennisetum flaccidum* Griseb.

【隶属关系】禾本科狼尾草属

【主要形态特征】多年生草本。根状茎发达,具横走根茎。秆直立,单生或丛生,高20~90cm。叶鞘口部和边缘具纤毛。叶片狭线形。圆锥花序圆柱形,直立或稍弯曲;小穗通常单生。颖果长圆形。

【生境及分布】多生于海拔800~4 600m山坡和较干燥的地区。分布于黑龙江、吉林、辽宁、内蒙古、河北、山西、陕西、甘肃、青海、四川、云南及西藏等省区。

【资源评价】优良饲用牧草,牲畜喜食,再生性良好。全草可以入药,主治热淋、尿血、肺热咳嗽、鼻衄和胃热烦渴。

图片摄影　王建鹏

【中文学名】芦苇

【拉丁学名】*Phragmites communis* Trin. Fund.

【隶属关系】禾本科芦苇属

【主要形态特征】多年水生或湿生的高大禾草。茎秆直立，植株高大，具多节，基部和上部的节间较短。叶舌边缘密生纤毛，叶片披针状条形。圆锥花序多分枝；着生稠密下垂的小穗，小穗带紫褐色；颖具3脉，披针形。

【生境及分布】生于江河湖泽、池塘沟渠沿岸和低湿地。为全球广泛分布的多型种。

【资源评价】可用于造纸和建材等工业原料。根部可入药，具有利尿、解毒、清凉、镇呕和防脑炎等功效。还具有调节生态的功能。

【中文学名】紫花针茅

【拉丁学名】*Stipa purpurea* Griseb.

【隶属关系】禾本科针茅属

【主要形态特征】多年生草本。秆直立,细瘦,高20~45cm,具1~2节。基部宿存枯叶鞘,叶鞘平滑无毛;叶舌膜质,披针形;叶片纵卷如针状,基生叶稠密。圆锥花序基部常包藏于叶鞘内;分枝单生或孪生;小穗呈紫色;颖披针形,外稃长约9mm,背部遍生短毛;芒两回膝曲,遍生长约3mm的羽状毛。颖果。

【生境及分布】生于海拔4 500~5 000m的砂砾质地区。分布于新疆、四川、甘肃、青海及西藏等省区。

【资源评价】抽穗开花之前,茎叶柔软,适口性好,粗蛋白质含量高,粗纤维少,营养价值比较高,各种家畜都喜采食。种子成熟后,尖锐的针芒可刺入羊的皮肤,特别是羔羊,引起创伤,降低羊毛的质量,犊牛食其草籽容易引起结膜炎。可用作扎笤帚。

【中文学名】丝颖针茅

【拉丁学名】*Stipa capillacea* Keng

【隶属关系】禾本科针茅属

【主要形态特征】多年生草本。高20~50cm。秆丛生，直立。叶片内卷。圆锥花序紧缩，顶端的芒扭结如鞭状；颖狭披针形，先端丝状；芒两回膝曲，通体具长约0.5mm的细刺毛，芒针长约6cm。花期7—9月。

【生境及分布】生于海拔3 000~4 400m的山地或高山灌丛及草地。分布于四川、青海及西藏等省区。

【资源评价】生长早期，草质柔软，绵羊及牦牛喜食。但结实后，因其外稃基盘尖硬，并具有倒生的刺，给牲畜带来了危害。

【中文学名】沙生针茅

【拉丁学名】*Stipa glareosa* P. Smirn.

【隶属关系】禾本科针茅属

【主要形态特征】多年生草本。高10~25cm。秆丛生，斜升或直立，基部膝曲。叶片内卷。圆锥花序基部被顶生叶鞘包裹；芒一回膝曲，通体被毛，毛长2~4mm，芒针长4~7cm，弧形弯曲。

【生境及分布】多生于海拔630~5 150m的石质山坡、丘间洼地、戈壁沙滩及河滩砾石地上。分布于内蒙古、宁夏、甘肃、新疆、西藏、青海、陕西及河北等省区。

【资源评价】产量虽低，但营养含量丰富，含有较高的粗蛋白质和粗脂肪，属于优等饲用植物。各种牲畜均喜食，颖果无危害。萌发早，特别是冬季枯草能完整地保存，有抓膘（早春）和保膘（冬季）作用。

【中文学名】狼针茅

【拉丁学名】*Stipa baicalensis* Roshev.

【隶属关系】禾本科针茅属

【主要形态特征】多年生草本。秆高50～90（110）cm。叶片纵卷成细条形；茎生叶片长20～30cm，叶舌长1.5～2mm。圆锥花序常为顶生叶鞘所包，长20～50cm；小穗灰绿色或紫褐色，膜质，长25～30mm；外稃长12～15mm，与芒的关节处生一圈短毛，背部贴生成纵行的短毛，基盘尖锐，芒二回膝曲、无毛；芒柱长达7cm，芒针长达10cm。

【生境及分布】草甸草原的一种中旱生禾草，性耐寒及干旱。一般见于排水良好的地带性生境，不耐盐碱。分布于黑龙江、吉林、辽宁、内蒙古、河北、山西、陕西北部、甘肃、青海、西藏及新疆等省区。

【资源评价】为草原区良好的牧草，四季中以春季适口性最好，夏季和秋季家禽喜食，颖果脱落后适口性又有所提高，冬季残留较好，为草原区家畜的基本饲草。狼针茅的颖果成熟时具硬尖和长芒，经常刺伤羊的口腔和皮肤，或混入羊毛，影响皮毛质量，因此，狼针茅果熟期，应另选草场放牧，避开危害。

【中文学名】克氏针茅

【拉丁学名】*Stipa krylovii* Roshev.

【隶属关系】禾本科针茅属

【主要形态特征】多年生密丛型草本。秆直立。叶鞘光滑；叶舌披针形，白色，膜质。圆锥花序基部包于叶鞘内，分枝细弱，2~4枝簇生；小穗稀疏；颖披针形，草绿色，成熟后淡紫色，光滑，先端白色，膜质，长20~28mm，第一颖略长，具3脉，第二颖稍短，具4~5脉；外稃长9~11.5mm，顶端关节处被短毛，基盘长约3mm，密被白色柔毛；芒二回膝曲，光滑，第一芒柱扭转，长2~2.5cm，第二芒柱长约1cm，芒针丝状弯曲，长7~12cm。

【生境及分布】多生于海拔440~4 510m的山前洪积扇、平滩地或河谷阶地上。分布于我国东北、华北北部、内蒙古、宁夏、甘肃、山西、河北、青海、西藏及新疆等省区。

【资源评价】一种良好的牧草，含有较高的粗蛋白质和粗脂肪。春季和夏季抽穗前，牛、马和羊均喜食。到秋季果实成熟时，饲用价值大大降低，因为其颖果具有长芒针，基盘锐尖而坚硬，对牲畜，特别是小畜有刺伤危害。

【中文学名】固沙草

【拉丁学名】*Orinus thoroldii*（Stapf ex Hemsl.）Bor

【隶属关系】禾本科固沙草属

【主要形态特征】多年生草本。高20～50cm。秆疏丛生，直立或基部膝曲。叶片扁平或内卷。穗状花序下垂；穗轴每节具2小穗，小穗略偏于穗轴一侧，成熟后带紫色；颖先端渐尖或具短芒；外稃被微毛，芒长10～20mm，反曲或稍展开。花期8月。

【生境及分布】多生于草原或山坡道旁和林缘。分布于内蒙古、河北、陕西、甘肃、青海、四川、新疆及西藏等省区。

【资源评价】饲用植物，从返青至开花前，马、牛和羊最喜食，尤其绵羊最喜食。开花后期至种子成熟，茎秆变硬则只食其叶子及上部较柔软部分。调制的青干草（开花前刈割），是冬季和春季马、牛和羊的良等保膘牧草。

【中文学名】醉马草

【拉丁学名】*Achnatherum inebrians*（Hance）Keng

【隶属关系】禾本科芨芨草属

【主要形态特征】多年生草本。须根柔韧。秆直立，高60～100cm，基部具鳞芽。叶鞘稍粗糙，上部者短于节间，叶鞘口具微毛；叶舌厚膜质，顶端平截或具裂齿；叶片质地较硬，直立，边缘常卷折，上面及边缘粗糙。圆锥花序紧密呈穗状；小穗颖膜质；外稃背部密被柔毛，顶端具2微齿，具3脉，脉间被柔毛；花药长约2mm，顶端具毫毛。颖果圆柱形。

【生境及分布】多生于海拔1 700～4 200m的草原、山坡草地、田边、路旁及河滩。分布于内蒙古、甘肃、宁夏、新疆、西藏、青海及四川等省区。

【资源评价】醉马草虽属于有毒植物，却营养价值丰富。药用价值有麻醉、镇静和止痛，治疗关节痛、牙痛、神经衰弱和皮肤瘙痒。可用作扎笤帚。

【中文学名】芨芨草

【拉丁学名】*Achnatherum splendens*（Trin.）Nevski.

【隶属关系】禾本科芨芨草属

【主要形态特征】多年生草本。秆直立，坚硬，内具白色的髓，节多聚于基部，基部宿存枯萎的黄褐色叶鞘。叶鞘无毛，具膜质边缘；叶舌三角形或尖披针形；叶片纵卷，质坚韧，上面脉纹凸起，微粗糙，下面光滑无毛。圆锥花序，开花时呈金字塔形展开；小穗灰绿色，基部带紫色，成熟后变成草黄色；颖膜质，披针形，顶端尖或锐尖，芒自外稃间抽出，直立或微弯，粗糙，不扭转，易断落。花果期6—9月。

【生境及分布】芨芨草适应性强，耐旱、耐寒并耐盐碱。生于海拔900～4 500m的微碱性的草滩及沙土山坡上。分布于中国东北、华北及西北等省区市。

【资源评价】具有止血和利尿清热的功效。主治尿路感染、尿闭和尿道炎。

【中文学名】虎尾草

【拉丁学名】*Chloris virgata* Sw.

【隶属关系】禾本科虎尾草属

【主要形态特征】一年生草本。秆高可达75cm，光滑无毛。叶鞘背部具脊，包卷松弛；叶片线形，两面无毛或边缘及上面粗糙。穗状花序5至10余枚，指状着生于秆顶，常直立而并拢成毛刷状，成熟时常带紫色；小穗无柄，颖膜质；第一小花两性，外稃纸质，呈倒卵状披针形；第二小花不孕，长楔形，仅存外稃。颖果纺锤形，淡黄色，光滑无毛而半透明。

【生境及分布】多生于路旁荒野、河岸沙地、土墙及房顶上。广泛分布于中国各省区市。

【资源评价】各种牲畜食用的牧草。

【中文学名】狗尾巴草

【拉丁学名】*Setaria viridis*（L.）P. Beauv.

【隶属关系】禾本科狗尾草属

【主要形态特征】一年生草本。秆直立或基部膝曲。叶片扁平，长三角状狭披针形或线状披针形。圆锥花序紧密呈圆柱状或基部稍疏离，直立或稍弯垂；主轴被较长柔毛，通常绿色或褐黄到紫红或紫色；小穗椭圆形，先端钝。颖果灰白色。

【生境及分布】生于海拔4 000m以下的荒野和道旁，为旱地作物常见的一种杂草。分布于中国各省区市。

【资源评价】草秆和叶可用作饲料，是牛、驴、马和羊爱吃的植物。全草加水煮沸20min后，滤出液可喷杀菜虫。药用具有清热利湿、祛风明目、解毒和杀虫的功效。主治风热感冒、黄疸、小儿疳积、痢疾、小便涩痛、目赤涩痛、目赤肿痛、痈肿、寻常疣和疮癣。

【中文学名】梭罗草

【拉丁学名】*Roegneria thoroldiana*（Oliv.）Keng

【隶属关系】禾本科鹅观草属

【主要形态特征】多年生草本。植株低矮，密丛，基部膝曲。叶鞘平滑无毛；叶片内卷呈针状。穗状花序卵圆形或长圆状卵圆形；小穗紧密排列而偏于一侧，含4~6小花；颖圆状披针形；花药黑色。

【生境及分布】生于海拔4 700~5 100m的山坡草地、谷底多沙处、河岸坡地及滩地。分布于甘肃、青海及西藏等省区。

【资源评价】具有抗寒、耐寒、抗风沙和高产等特性，极适应于寒冷干旱的高寒草原生境，是进行高寒草原生态保护和植被恢复的优良草种。可用作牲畜饲料。

【中文学名】假苇拂子茅

【拉丁学名】*Calamagrostis pseudophragmites*（Haller f.）Koeler

【隶属关系】禾本科拂子茅属

【主要形态特征】多年生草本。秆直立。叶鞘平滑无毛，或稍粗糙，短于节间；叶舌膜质，长圆形，顶端钝而易破碎；叶片扁平或内卷，上面及边缘粗糙，下面平滑。圆锥花序长圆状披针形，疏松开展，分枝簇生，直立，细弱，稍糙涩；颖线状披针形，成熟后张开，顶端长渐尖；外稃透明膜质，顶端全缘，稀微齿裂，细直，细弱。

【生境及分布】生于低山带各大河流的河漫滩及河流冲积平原、地下水位较高的沙丘间平地或沙地或沙漠中的淡水湖盆地四周，也常见于黄土丘陵的沟谷低地，以及灌溉农区的渠沟、田埂、撂荒地或路边低洼处。分布于中国东北、华北、西北、西南，内蒙古及西藏等省区。

【资源评价】假苇拂子茅可作为防沙固堤的材料。也可用作饲料，属于中等偏低饲用植物。

【中文学名】无芒雀麦

【拉丁学名】*Bromus inermis* Leyss.

【隶属关系】禾本科雀麦属

【主要形态特征】多年生草本。秆直立，疏丛生，高可达120cm。叶鞘闭合；叶片扁平，先端渐尖，两面与边缘粗糙。圆锥花序，较密集，花后开展；微粗糙，小穗含花，小穗轴生小刺毛；颖披针，具膜质边缘；外稃长圆状披针形；内稃膜质，短于其外稃，脊具纤毛。颖果长圆形，褐色。

【生境及分布】无芒雀麦耐酸抗碱，对土壤的适应能力强。分布于黑龙江、吉林、辽宁、内蒙古、河北、山西、山东、江苏、陕西、甘肃、青海、新疆、西藏、云南、四川及贵州等省区。

【资源评价】优良牧草，营养价值高，产量大，利用季节长，耐旱寒，耐放牧，适应性强，为建立人工草场和环保固沙的主要草种，是新疆和北方各地重要的草种。

【中文学名】西藏三毛草

【拉丁学名】*Trisetum tibeticum* P. C. Kuo et Z. L. Wu

【隶属关系】禾本科三毛草属

【主要形态特征】多年生草本。秆直立，低矮，丛生，密被较长的柔毛。叶鞘松弛，密被柔毛；叶舌膜质；叶片扁平，两面均被柔毛。圆锥花序稠密，穗状；花序轴和小穗柄密被较长的柔毛，小穗绿色带紫红色；颖膜质，脊上粗糙；外稃顶端2齿裂，且呈芒尖；内稃透明膜质，较外稃稍短，具2脊，脊先端延伸呈短芒状，脊上粗糙；花药黄色。

【生境及分布】生于海拔4 000～5 500m的高山山坡、流石滩和冰川附近草坡。只在西藏分布。

【资源评价】草质柔软，适口性好，各类家畜都喜食，以牛和羊最喜食。营养成分也较高，特别是无氮浸出物含量很高，是家畜抓膘的优良牧草。

【中文学名】华扁穗莞

【拉丁学名】*Blysmus sinocompressus* Tang et F. T. Wang.

【隶属关系】莎草科扁莞草属

【主要形态特征】多年生草本。根茎长，有节，节上生根。秆散生，扁三棱状，有槽，中部以下生叶，基部有褐色的宿存叶鞘。叶条形，边缘内卷，有细齿，顶端近三棱形；叶舌短，膜质；苞片叶状，通常高出花序；小苞片鳞片状，膜质。穗状花序单一，顶生，矩圆形；小穗排列成二列，卵披针形呈长椭圆形；鳞片长卵形，锈褐色，膜质。小坚果宽倒卵形。

【生境及分布】喜湿润，生于沼泽边缘、半沼泽地及其他低湿草地。四川西部高原地区分布很广，云南西北部、西藏、青海及甘肃等省区有分布，此外，陕西及华北地区也有分布。

【资源评价】含粗蛋白质较高，饲用价值比较好。

【中文学名】矮生嵩草

【拉丁学名】*Kobresia humilis*（C. A. Mey.）Serg.

【隶属关系】莎草科嵩草属

【主要形态特征】多年生矮小草本。根状茎密丛生。秆高3～15cm，有钝棱，基部具褐色呈纤维状分裂的枯叶鞘。叶偏近扁平，基部对折。花序穗状，椭圆形或矩圆形；鳞片褐色，边缘白色膜质。小坚果矩圆形或倒卵状矩圆形，具短喙。

【生境及分布】矮生嵩草为寒中生根茎—疏丛型牧草，高寒草甸的建群种及亚高山草甸的伴生种。适宜冷凉湿润的山地气候。分布于河北、甘肃、青海、四川、新疆及西藏等省区。

【资源评价】植株低矮，茎叶柔软，适口性好，再生性强，耐践踏，马、牛和羊均喜食，牦牛和藏羊最喜食。据分析，矮生嵩草粗蛋白质含量高，最高可达16.05%，粗脂肪含量也较高，有机物质消化率达72.23%，是高寒地区优良牧草之一。

【中文学名】粗壮嵩草

【拉丁学名】*Kobresia robusta* Maxim.

【隶属关系】莎草科嵩草属

【主要形态特征】多年生草本。秆密丛生，粗壮，坚挺，高15～30cm，圆柱形，光滑。叶片对折，质硬。花序穗状，圆柱形，粗壮；小穗多数；鳞片大，宽卵形，厚纸质，两侧淡褐色至深褐色，边缘白色宽膜质。小坚果椭圆形或长圆形，三棱形。花果期5—9月。

【生境及分布】生于海拔4 500～5 000m的高山山地、宽谷、丘陵、坡地、高山草甸、针茅草原及山坡灌丛。分布于西藏、青海及甘肃等省区。

【资源评价】粗壮嵩草是嵩草属中较耐旱的一种，草质虽较粗糙，但粗蛋白质含量高，粗脂肪也较高，是高寒地区重要牧草之一。

【中文学名】高山嵩草

【拉丁学名】*Kobresia pygmaea*（C. B. Clarke）C. B. Clarke

【隶属关系】莎草科嵩草属

【主要形态特征】多年生矮小草本。根状茎短。秆丛生，高1～3.5cm，圆柱形或钝三棱形。叶与秆近等长，线形，宽约0.5mm，坚挺，腹面具沟，边缘粗糙。穗状花序卵状或矩圆形；鳞片褐色，边缘白色狭膜质。小坚果椭圆形或倒卵状椭圆形，扁三棱形。

【生境及分布】生于海拔3 200～5 400m的高山灌丛草甸和高山草甸。分布于内蒙古、河北、山西、甘肃、青海、新疆南部、四川、云南及西藏等省区，在青藏高原及喜马拉雅山区常为草甸的建群种。

【资源评价】优良牧草，为牦牛、藏绵羊和藏马所喜食。在青藏高原海拔3 800～4 500m的地带，以高山嵩草占优势的草地，常作为夏秋季家畜的主要放牧地之一。

【中文学名】西藏嵩草

【拉丁学名】*Kobresia tibetica* Maxim.

【隶属关系】莎草科嵩草属

【主要形态特征】多年生丛生草本。高20~50cm，秆钝三棱形。叶短于秆，丝状。花序为穗状，圆柱形或卵状圆柱形；鳞片膜质，披针形；先出叶长圆形，腹面边缘开裂，无脉。小坚果倒卵形，具3棱，有光泽。

【生境及分布】生于海拔3 000~4 600m的河滩地、湿润草地及高山灌丛草甸。分布于西藏、甘肃及青海等省区。

【资源评价】为营养价值高的上等牧草，适口性好。由于其草层较高，返青早，被用作早春牧草，填补了冬春缺草季节的牧草供应。

【中文学名】线叶嵩草

【拉丁学名】*Kobresia capillifolia*（Decne.）C. B. Clarke

【隶属关系】莎草科嵩草属

【主要形态特征】多年生草本。根状茎密丛生，秆高15~40cm，纤细，基部具黑棕色老叶鞘。叶短，短于秆，柔软，丝状。简单穗状花序，条状圆柱形；鳞片矩圆状卵形或矩圆状披针形，顶端钝，栗褐色，具宽的白色膜质边缘。小坚果狭椭圆形或椭圆形。

【生境及分布】喜寒冷湿润气候，生于海拔3 600~5 400m的高寒草甸草地上。分布于四川、西藏、新疆、青海及甘肃等省区。

【资源评价】茎叶繁茂，柔软，草质细嫩，营养较丰富，各种家畜喜食，马和绵羊特别喜食，是良好的夏季放牧场。冬季枝叶残存较好，是牦牛喜食的牧草之一。家畜采食线叶嵩草上膘快，产乳品质好。

【中文学名】青藏苔草

【拉丁学名】*Carex moorcroftii* Fale.

【隶属关系】莎草科苔草属

【主要形态特征】多年生草本。根状茎粗壮，秆高10～30cm，三棱形。叶片扁平，质硬。苞片刚毛状，卵状或矩圆状；雌花鳞片紫色，边缘白色宽膜质。花期7—8月。

【生境及分布】多生于海拔3 500～5 300m的山坡草地、河边、沟边阶地、洪积扇、河漫滩、湖滨平坦草地、高山草甸及沼泽草甸草地等。分布于青海和西藏。

【资源评价】早春萌发后，是牛、马和羊春季的抓膘草，适口性好。抽穗以后，粗纤维增加，结实后，适口性降低，秋末枯黄后，家畜又喜采食。粗蛋白质含量较高，结实后达14.5%，为优良牧草。

【中文学名】黑褐苔草

【拉丁学名】*Carex atrofusca* Schkuhr subsp. Minor（Boott）T. Koyama subsp.

【隶属关系】莎草科苔草属

【主要形态特征】多年生草本。高15~30cm，疏丛生。根状茎具短匍匐枝。秆直立，细形，上端稍弯垂，钝三棱形，平滑，基部生叶并为淡褐色旧叶鞘所包。叶远较秆短，长仅达秆的中部，先端渐尖，灰绿色，前缘略粗糙。顶端的苞片呈鳞片状，最下的具短叶片或呈刚毛状，较花序短，具长鞘；小穗3~5个，弯垂；顶生的雄性，短线状长圆形，有时为雌雄顺序；侧生的雌性，卵形或倒卵形；具密花；雌花鳞片卵形或披针形，先端渐尖，黑血红色；囊包宽椭圆形，较鳞片稍长及宽，扁三棱状。小坚果呈椭圆形，三棱状。花期7月，果期8—9月。

【生境及分布】生于海拔3 000~5 400m的高山灌丛草甸、高山草甸及山坡草地等。分布于甘肃、青海、四川、云南及西藏等省区。

【资源评价】饲用植物。

【中文学名】黄苞南星

【拉丁学名】*Arisaema flavum*（Forssk.）Schott

【隶属关系】天南星科天南星属

【主要形态特征】块茎近球形。鳞叶锐尖。叶片鸟足状分裂。花序柄常先叶出现，长于叶柄；肉穗花序两性，子房倒卵圆形。果序圆球形。浆果倒卵圆形。

【生境及分布】生于碎石坡或灌丛中，为西藏常见的杂草，荒地、田边、路旁以及庭院中也可见到。分布于西藏南部至东南部和四川西部、云南西北部。

【资源评价】花朵的造型独特，可作观赏植物。块茎药用，藏医用以退烧、杀菌和杀虫；主治慢性支气管炎、支气管扩张、破伤风、口噤强直、小儿惊风和癫痫等症。

【中文学名】镰叶韭

【拉丁学名】*Allium carolinianum* DC.

【隶属关系】石蒜科葱属

【主要形态特征】多年生草本。鳞茎单生或2~3枚,外皮革质,顶端破裂,纤维状。叶宽条形,光滑,镰状弯曲。花葶粗壮,高20~60cm;伞形花序球状,多花;花被片紫红色、淡紫色至白色;花丝长于花被片;花柱伸出花被外。

【生境及分布】生于海拔2 500~5 000m的砾石山坡、向阳的林下和草地。分布于新疆、西藏、青海及甘肃等省区。

【资源评价】鳞茎可食用。

【中文学名】青甘韭

【拉丁学名】*Allium przewalskianum* Regel

【隶属关系】石蒜科葱属

【主要形态特征】多年生草本。鳞茎数枚聚生，外皮红色网状。叶半圆柱形至圆柱形。花葶高10~40cm；伞形花序球状或半球状，多花；花被片粉红色至深紫红色；花丝长于花被片；花柱于花后期伸出。

【生境及分布】生于海拔2 000~4 800m的干旱山坡、石缝、灌丛下或草坡。分布于云南（西北部）、西藏、四川、陕西、宁夏、甘肃、青海及新疆等省区。

【资源评价】幼叶可食用。

【中文学名】马蔺

【拉丁学名】*Iris lactea* Pall.

【隶属关系】鸢尾科鸢尾属

【主要形态特征】多年生草本。高40～60cm，根茎木质化，近地面有大量呈纤维状的老叶叶鞘。叶簇生，坚韧，近于直立；叶片条形，先端渐尖，全缘，基部套褶。花茎先端具苞片2～3片；花浅蓝色、蓝色或蓝紫色，具条纹。

【生境及分布】生于盐碱滩地。分布于西藏、青海、河北、山东、山西、陕西及江苏等省区。

【资源评价】具有清热、解毒、止血、利尿、治喉痹疝气和痈疽等功效。

【中文学名】锐果鸢尾

【拉丁学名】*Iris goniocarpa* Baker

【隶属关系】鸢尾科鸢尾属

【主要形态特征】多年生草本。根状茎短。须根细，多分枝。叶柔软，黄绿色，条形。花茎高10～25cm，无茎生叶；苞片2枚，膜质，绿色，略带淡红色，披针形，内包含有1朵花；花蓝紫色，外花被裂片呈倒卵形或椭圆形，有深紫色的斑点，内花被裂片狭椭圆形或倒披针形。蒴果黄棕色，三棱状圆柱形或椭圆形顶端有短喙。

【生境及分布】生于海拔3 000～4 000m的高山草地、向阳山坡的草丛中以及林缘、疏林下。分布于陕西、甘肃、青海、四川、云南及西藏等省区。

【资源评价】具有很高的观赏价值，其花卉具有叶色优美和花枝挺拔的特点，可以用作花群、花丛以及花境。

【中文学名】卷鞘鸢尾

【拉丁学名】*Iris potaninii* Maxim.

【隶属关系】鸢尾科鸢尾属

【主要形态特征】宿根草本。高10~15cm。叶狭线形。花茎极短；花黄色，直径4~4.5cm；外花被上有须毛状附属物。

【生境及分布】生于海拔3 200~5 300m的高山石砾坡或高山草甸中。分布于甘肃、青海及西藏等省区。

【资源评价】具有清热解毒和驱虫的功效。可治疗阑尾炎、蛔虫和蛲虫病。

【中文学名】蓝花卷鞘鸢尾

【拉丁学名】*Iris potaninii* Maxim. var. *ionantha* Y. T. Zhao

【隶属关系】鸢尾科鸢尾属

【主要形态特征】本变种花为蓝紫色，其他性状特征、生境及分布与卷鞘鸢尾相同。

【生境及分布】生于海拔3 200～5 300m的高山石砾坡或高山草甸中。分布于甘肃、青海、四川及西藏等省区。

【资源评价】具有退烧、解毒和驱虫的功效。可治疗阑尾炎、蛔虫和蛲虫病。也可用作庭院观赏植物。

【中文学名】冬虫夏草

【拉丁学名】*Cordyceps sinensis*（Berk.）Sacc.

【隶属关系】麦角菌科虫草属

【主要形态特征】为麦角菌科植物冬虫夏草菌，其子座出自寄主幼虫的头部，单生，细长呈棒球棍状，长4~14cm，不育顶部长3~8cm；上部为子座头部，稍膨大，呈窄椭圆形，褐色；除先端小部外，密生多数子囊壳，子囊壳近表面生基部大部陷入子座中，先端凸出于子座外，卵形或椭圆形，每一个子囊内有8个具有隔膜的子囊孢子；虫体表面深棕色，断面白色，腹面具足8对，形略如蚕。

【生境及分布】生于海拔3 000~5 000m的高山灌丛和高山草甸。主要分布于青海、西藏、四川、云南及甘肃等省区。

【资源评价】具有调节免疫系统的功能，具有抗肿瘤、抗疲劳、补肾益肺、止血化痰、美容护肤、提高免疫和延缓衰老等多种功效。

主要参考文献

陈家辉，杨勇，2010. 羌塘草原植物识别手册[M]. 昆明：云南科学技术出版社.

旦久罗布，严俊，2019. 那曲草地资源图谱[M]. 北京：中国农业科学技术出版社.

谷安琳，王国庆，2012. 西藏草地植物彩色图谱：第1卷[M]. 北京：中国农业科学技术出版社.

侯向阳，孙海群，2012. 青海主要草地类型及常见植物图谱[M]. 北京：中国农业科学技术出版社.

刘建枝，赵宝玉，王宝海，等，2018. 中国西部天然草地疯草概论[M]. 北京：科学技术出版社.

青海省药品检验所，青海省藏药研究所，1996. 中国藏药[M]. 上海：上海科技出版社.

西藏自治区农牧厅，2017. 西藏自治区草原资源与生态统计资料[M]. 北京：中国农业出版社.

徐汉卿，1995. 植物学[M]. 北京：中国农业出版社.

附录A 中文名索引

A
阿拉善马先蒿 / 183
矮金莲花 / 76
矮生嵩草 / 249

B
巴天酸模 / 57
白苞筋骨草 / 163
白草 / 232
白花枝子花 / 171
白蓝翠雀花 / 79
半卧狗娃花 / 195
薄荷 / 175
变色锦鸡儿 / 127
冰川棘豆 / 115
波斯菊 / 214

C
糙果紫堇 / 89
草地老鹳草 / 132
草木樨 / 129
草玉梅 / 81
叉枝蓼 / 60
车前状垂头菊 / 220
臭蒿 / 204
垂穗披碱草 / 229
刺儿菜 / 223
粗糙黄堇 / 88

粗壮嵩草 / 250
长果婆婆纳 / 181
长细花滇紫草 / 162
重齿风毛菊 / 216

D
大果大戟 / 134
大籽蒿 / 212
单子麻黄 / 52
垫型嵩 / 206
垫状点地梅 / 144
垫状金露梅 / 103
垫状棱子芹 / 141
钉柱委陵菜 / 104
冬虫夏草 / 263
冻原白蒿 / 205
独一味 / 173
短毛独活 / 142
短穗兔耳草 / 182
多刺绿绒蒿 / 85

E
二花棘豆 / 120
二裂委陵菜 / 106

F
粉花雪灵芝 / 70
伏毛山莓草 / 110
伏毛铁棒锤 / 73

G

甘青老鹳草 / 133
甘青青兰 / 170
甘青铁线莲 / 74
甘肃棘豆 / 116
甘西鼠尾草 / 167
高山黄华 / 125
高山嵩草 / 251
高山瓦韦 / 50
高原香薷 / 165
高原荨麻 / 54
狗尾巴草 / 243
固沙草 / 239
管状长花马先蒿 / 184
灌木亚菊 / 202
鬼箭锦鸡儿 / 128

H

海韭菜 / 226
海乳草 / 143
禾叶点地梅 / 145
合头菊 / 225
黑萼棘豆 / 123
黑褐苔草 / 255
黑蕊虎耳草 / 100
虎尾草 / 242
花葶驴蹄草 / 77
华扁穗莞 / 248
黄苞南星 / 256
黄刺玫 / 107
黄花棘豆 / 118
灰绿藜 / 66
灰毛蓝钟花 / 194
火绒草 / 199

J

芨芨草 / 241
鸡骨柴 / 166
假苇拂子茅 / 245
金露梅 / 102
劲直黄耆 / 114
卷鞘鸢尾 / 261
蕨 / 49
蕨麻委陵菜 / 105

K

克氏针茅 / 238
葵花大蓟 / 222

L

赖草 / 231
蓝白龙胆 / 150
蓝翠雀花 / 80
蓝花荆芥 / 172
蓝花卷鞘鸢尾 / 262
蓝玉簪龙胆 / 149
狼毒（甘遂）/ 137
狼针茅 / 237
老芒麦 / 230
肋柱花 / 156
藜 / 67
镰萼喉毛花 / 155
镰形棘豆 / 119
镰叶韭 / 257
菱叶大黄 / 55
柳兰 / 139
芦苇 / 233
露蕊乌头 / 72

M

麻花艽 / 152

马蔺 / 259
马尿泡 / 178
毛瓣棘豆 / 117
毛花忍冬 / 191
毛莲蒿 / 211
美丽马先蒿 / 186
密花角蒿 / 187
密花毛果草 / 159
绵参 / 164
木根香青 / 201

N
囊距翠雀花 / 78
尼泊尔酸模 / 58
尼泊尔猪毛菜 / 68
牛蒡 / 221
牛膝菊 / 213

P
螃蟹甲 / 174
披针叶黄华 / 124
平车前 / 189
铺散亚菊 / 203
蒲公英 / 218

Q
青藏大戟 / 135
青藏狗娃花 / 196
青藏苔草 / 254
青甘韭 / 258
青海刺参 / 193
全缘叶绿绒蒿 / 86

R
日喀则蒿 / 209
肉果草 / 179
锐果鸢尾 / 260

弱小火绒草 / 200

S
三裂碱毛茛 / 82
沙生针茅 / 236
砂生地蔷薇 / 108
砂生槐（西藏狼牙刺）/ 131
山地虎耳草 / 98
山莨菪 / 177
山岭麻黄 / 53
杉叶藻 / 140
湿生扁蕾 / 154
水母雪兔子 / 217
水生酸模 / 59
丝颖针茅 / 235
四裂红景天 / 95
酸模叶蓼 / 65
碎米蕨叶马先蒿 / 185
梭罗草 / 244

T
塔黄 / 56
桃儿七 / 84
天仙子 / 176
田旋花 / 157
头花独行菜 / 90
驼绒藜 / 69

W
微孔草 / 160
无芒雀麦 / 246

X
西伯利亚蓼 / 63
西藏草莓 / 112
西藏粉报春 / 146
西藏秦艽 / 153

附录 A 中文名索引

西藏三毛草 / 247
西藏沙棘 / 138
西藏嵩草 / 252
西藏铁线莲 / 75
西藏微孔草 / 161
菥蓂 / 91
喜马拉雅垂头菊 / 219
细果角茴香 / 87
细叶西伯利亚蓼 / 64
纤杆蒿 / 208
线叶嵩草 / 253
腺女娄菜 / 71
香柏 / 51
小花糖芥 / 94
小景天 / 97
小叶棘豆 / 122
小叶栒子 / 109
斜茎黄耆 / 113
星状雪兔子 / 215
须弥紫菀 / 198

Y

岩生忍冬 / 192
盐泽双脊荠 / 92
野葵 / 136
野苜蓿 / 130
银灰旋花 / 158
银露梅 / 101

隐瓣山莓草 / 111
鼬瓣花 / 169
羽叶点地梅 / 148
圆穗蓼 / 62
缘毛紫菀 / 197
云生毛茛 / 83
云雾龙胆 / 151

Z

藏白蒿 / 207
藏波罗花 / 188
藏布红景天 / 96
藏蓟 / 224
藏沙蒿 / 210
藏玄参 / 180
早熟禾 / 227
粘毛鼠尾草 / 168
胀果棘豆 / 121
爪瓣虎耳草 / 99
中亚早熟禾 / 228
钟花报春 / 147
珠芽蓼 / 61
猪殃殃 / 190
紫花黄华 / 126
紫花糖芥 / 93
紫花针茅 / 234
醉马草 / 240

附录B　拉丁学名索引

A

Achnatherum inebrians（Hance）Keng / 240
Achnatherum splendens（Trin.）Nevski. / 241
Aconitum flavum Hand. -Mazz. / 73
Aconitum gymnandrum Maxim. / 72
Ajania fruticulosa（Ledeb.）Poljak. / 202
Ajania khartensis（Dunn）C. Shih / 203
Ajuga lupulina Maxim. / 163
Allium carolinianum DC. / 257
Allium przewalskianum Regel / 258
Anaphalis xylorhiza Sch. -BiP. ex Hook. f. / 201
Androsace graminifolia C. E. C. Fisch. / 145
Androsace tapete Maxim. / 144
Anemone rivularis Buch. -Ham. ex DC. / 81
Anisodus tanguticus（Maxim.）Pascher / 177
Arctium lappa L. / 221
Arenaria shannanensis L. H. Zhou / 70
Arisaema flavum（Forssk.）Schott / 256
Artemisia demissa Krasch. / 208
Artemisia hedinii Ostenf. in Hedin / 204
Artemisia minor Jacquem. ex Besser / 206
Artemisia sieversiana Ehrhart ex Willd. / 212
Artemisia stracheyi Hook. f. et Thoms. ex
　C. B. Clarke / 205
Artemisia vestita Wall. ex Besser / 211
Artemisia wellbyi Hemsl. et Pears. ex
　Deasy / 210
Artemisia xigazeensis Ling et Y. R. Ling / 209
Artemisia younghusbandii J. R. Drumm.
　ex Pamp. / 207
Aster himalaicus C. B. Clarke / 198
Aster souliei Franch. / 197
Astragalus adsurgens Pall. / 113
Astragalus strictus Grah. ex Benth. / 114

B

Blysmus sinocompressus Tang et
　F. T. Wang. / 248
Bromus inermis Leyss. / 246

C

Calamagrostis pseudophragmites（Haller f.）
　Koeler / 245
Caltha scaposa Hook. f. et Thoms. / 77
Caragana jubata（Pall.）Poir. / 128
Caragana versicolor Benth. / 127
Carex atrofusca Schkuhr subsp. Minor（Boott）
　T. Koyama subsp. / 255
Carex moorcroftii Fale. / 254
Cephalanoplos segetum（Bge.）Kitam. / 223
Ceratoides latens（J. F. Gmelin）Reveal et
　N. H. Holmgren / 69
Chamaenerion angustifolium L. / 139
Chamaerhodos sabulosa Bunge / 108
Chenopodium album L. / 67
Chenopodium glaucum L. / 66
Chloris virgata Sw. / 242
Cirsium lanatum（Roxb. ex Willd.）Spreng. / 224
Cirsium souliei（Franch.）Mattf. / 222
Clematis tangutica（Maxim.）Korsh. / 74
Clematis tenuifolia Royle / 75
Comastoma falcatum（Turcz. ex Kar. et Kir.）
　Toyok. / 155

Convolvulus ammannii Desr. / 158
Convolvulus arvensis L. / 157
Cordyceps sinensis（Berk.）Sacc. / 263
Corydalis scaberula Maxim. / 88
Corydalis trachycarpa Maxim. / 89
Cosmos bipinnata Cav. / 214
Cotoneaster microphyllus Wall. ex Lindl. / 109
Cremanthodium decaisnei C. B. Clarke / 219
Cremanthodium ellisii（Hook. f.）S. Kitamura / 220
Cyananthus incanus Hook. f. et Thoms. / 194

D

Delphinium albocoeruleum Maxim. / 79
Delphinium brunonianum Royle / 78
Delphinium caeruleum Jacq. ex Camb. / 80
Dilophia salsa Thoms. / 92
Dracocephalum heterophyllum Benth. / 171
Dracocephalum tanguticum Maxim. / 170

E

Elsholtzia feddei Leveille / 165
Elsholtzia fruticosa（D. Don）Rehd. / 166
Elymus nutans Griseb. / 229
Elymus sibiricus L. / 230
Ephedra gerardiana Wall. ex C. A. Mey. / 53
Ephedra monosperma Cemlin ex C. A. Mey. / 52
Eriophyton wallichii Benth / 164
Erysimum chamacephyton Maxim. / 93
Erysimum cheiranthoides L. / 94
Euphorbia altotibetica Pauls. / 135
Euphorbia wallichii Hook. f. / 134

F

Fragaria nubicola（Hook. f.）Lindl. ex Lacaita / 112

G

Galeopsis bifida Boenn. / 169
Galinsoga parviflora Cav. / 213
Galium aparine L. var. *tenerum*（Gren. et Godr.）Rchb. / 190
Gentiana leucomelaena Maxim. / 150
Gentiana nubigena Edgew. / 151
Gentiana straminea Maxim. / 152
Gentiana tibetica King ex Hook. f. / 153
Gentiana veitchiorum Hemsl. / 149
Gentianopsis paludosa（Hook. f.）Ma / 154
Geranium pratense L. / 132
Geranium pylzowianum Maxim. / 133
Glaux maritima L. / 143

H

Halerpestes tricuspis（Maxim.）Hand. -Mazz. / 82
Heracleum moellendorffii Hance / 142
Heteropappus bowerii（Hemsl.）Griers. / 196
Heteropappus semiprostratus Griers. / 195
Hippophae thibetana Schltdl / 138
Hippuris vulgaris L. / 140
Hyoscyamus niger L. / 176
Hypecoum leptocarpum Hook. f. et Thoms. / 87

I

Incarvillea compacta Maxim. / 187
Incarvillea younghusbandii Sprague / 188
Iris goniocarpa Baker / 260
Iris lactea Pall. / 259
Iris potaninii Maxim. var. *ionantha* Y. T. Zhao / 262
Iris potaninii Maxim. / 261

K

Kobresia capillifolia（Decne.）C. B. Clarke / 253

Kobresia humilis（C. A. Mey.）Serg. / 249
Kobresia pygmaea（C. B. Clarke）C. B. Clarke / 251
Kobresia robusta Maxim. / 250
Kobresia tibetica Maxim. / 252

L

Lagotis brachystachya Maxim. / 182
Lamiophlomis rotata（Benth.）Kudo / 173
Lancea tibetica Hook. f. et Thoms. / 179
Lasiocaryum densiflorum（Duthie）Johnst. / 159
Leontopodium leontopodioides（Willd.）Beauv. / 199
Leontopodium pusillum（Beauverd）Hand. -Mazz. / 200
Lepidium capitatum Hook. f. et Thoms. / 90
Lepisorus eilophyllus（Diels）Ching / 50
Leymus secalinus（Georgi）Tzvel. / 231
Lomatogonium carinthiacum（Wulfen）Rchb. / 156
Lonicera rupicola Hook. f. et Thoms. / 192
Lonicera trichosantha Bur. et Franch. / 191

M

Malva verticillata L. / 136
Meconopsis horridula Hook. f. et Thoms. / 85
Meconopsis integrifolia（Maxim.）Franch. / 86
Medicago falcata L. / 130
Melandrium glandulosum（Maxim.）F. N. Williams / 71
Melilotus suaveolens Ledeb. / 129
Mentha canadensis L. / 175
Microula sikkimensis（C. B. Clarke）Hemsl. / 160
Microula tibetica Benth. / 161
Morina kokonorica K. S. Hao / 193

N

Nepeta coerulescens Maxim. / 172

O

Onosma hookeri var. *longiflorum*（Duthie）A. V. Duthie ex Stapf / 162
Oreosolen wattii Hook. f. / 180
Orinus thoroldii（Stapf ex Hemsl.）Bor / 239
Oxytropis biflora P. C. Li / 120
Oxytropis falcata Bunge. / 119
Oxytropis glacialis Benth. ex Bunge / 115
Oxytropis kansuensis Bunge / 116
Oxytropis melanocalyx Bunge / 123
Oxytropis microphylla（Pall.）DC. / 122
Oxytropis ochrocephala Bunge / 118
Oxytropis sericopetala Prain ex C. E. C. Fisch. / 117
Oxytropis stracheyana Benth. ex Baker / 121

P

Pedicularis alaschanica Maxim. / 183
Pedicularis bella Hook. f. / 186
Pedicularis cheilanthifolia Schrenk / 185
Pedicularis longiflora Rudolph. var. *tubiformis* / 184
Pennisetum flaccidum Griseb. / 232
Phlomis younghusbandii Mukh. / 174
Phragmites communis Trin. Fund. / 233
Plantago depressa Willd. / 189
Pleurospermum hedinii Diels / 141
Poa annua L. / 227
Poa litwinowiana Ovcz. / 228
Polygonum lapathifolium L. / 65
Polygonum macrophyllum D. Don / 62
Polygonum sibiricum Laxm. var. *thomsonii* Meisn. ex Stew. / 64

Polygonum sibiricum Laxm. / 63
Polygonum tortuosum D. Don / 60
Polygonum viviparum L. / 61
Pomatosace filicula Maxim. / 148
Potentilla anserina L. / 105
Potentilla bifurca L. / 106
Potentilla fruticosa L. / 102
Potentilla fruticosa L. var. *pumila* Hook. f. / 103
Potentilla glabra Lodd. / 101
Potentilla saundersiana Royle / 104
Primula sikkimensis Hook. / 147
Primula tibetica Watt / 146
Przewalskia tangutica Maxim. / 178
Pteridium aquilinum var. *latiusculum* / 49

R

Ranunculus longicaulis C. A. Mey. var. *nephelogenes*（Edgew.）L. Liou / 83
Rheum nobile Hook. f. et Thoms. / 56
Rheum rhomboideum A. Los. / 55
Rhodiola quadrifida（Pall.）Fisch. et Mey. / 95
Rhodiola sangpo tibetana（Frod.）S. H. Fu. / 96
Roegneria thoroldiana（Oliv.）Keng / 244
Rosa xanthina Lindl. / 107
Rumex aquaticus L. / 59
Rumex nepalensis Spreng. / 58
Rumex patientia L. / 57

S

Sabina Pingii（Ferré）Cheng et W. T. Wang var. *wilsonii*（Rehd.）Cheng et L. K. Fu / 51
Salsola nepalensis Grub. / 68
Salvia przewalskii Maxim. / 167
Salvia roborowskii Maxim. / 168
Saussurea katochaete Maxim. / 216
Saussurea medusa Maxim. / 217
Saussurea stella Maxim. / 215
Saxifraga melanocentra Franch. / 100
Saxifraga montana H. Smith / 98
Saxifraga unguiculata Engl. / 99
Sedum fischeri Raym. -Hamet / 97
Setaria viridis（L.）P. Beauv. / 243
Sibbaldia adpressa Bunge / 110
Sibbaldia procubens L. var. *aphanopetala*（Hand. -Mazz）Yu et Li / 111
Sinopodophyllum hexandrum（Royle）T. S. Ying / 84
Sophora moorcroftiana Benth. ex Baker / 131
Stellera chamaejasme L. / 137
Stipa baicalensis Roshev. / 237
Stipa capillacea Keng / 235
Stipa glareosa P. Smirn. / 236
Stipa krylovii Roshev. / 238
Stipa purpurea Griseb. / 234
Syncalathium kawaguchii（Kitam.）Y. Ling / 225

T

Taraxacum mongolicum Hand. -Mazz. / 218
Thermopsis alpina（Pall.）Ledeb / 125
Thermopsis barbata Benth. / 126
Thermopsis lanceolatay R. Br. / 124
Thlaspi arvense L. / 91
Triglochin maritimum L. / 226
Trisetum tibeticum P. C. Kuo et Z. L. Wu / 247
Trollius farreri Stapf / 76

U

Urtica hyperborea Jacq. ex Wedd. / 54

V

Veronica ciliata Fisch. / 181

附录C 全国草原监测技术操作手册

农业部草原监理中心
二〇〇七年四月修订

目　　录

一、前期准备 ··· 277

二、样地设置 ··· 278

三、样方设置 ··· 279

四、样地基本特征调查 ··································· 280

五、草本、半灌木及矮小灌木草原样方调查 ················ 284

六、具有灌木及高大草本植物草原样方调查 ················ 285

七、草原保护建设工程效益调查 ··························· 287

八、家畜补饲情况调查 ··································· 288

九、草原生态环境状况调查 ······························· 288

十、数据报送 ··· 289

十一、附表 ··· 290

为规范全国草原资源与生态监测工作，统一草原地面数据采集和入户访问调查的流程，特编写本操作手册。

一、前期准备

前期准备是做好监测工作的基础，前期准备阶段的主要工作有：

（一）明确责任机构

开展草原监测的省（区、市）要落实专门的组织机构和责任人，各省（区、市）的草原监测职能部门具体负责本省（区、市）监测工作的组织和协调。开展草原监测工作的部门，要具体落实责任单位和相关工作人员。

（二）成立技术组

各省（区、市）要根据监测工作的需要，成立由草原等相关专业、有一定理论和实践经验的技术人员参加的技术组，负责本省（区、市）监测工作的技术指导。

（三）制定工作计划

各省（区、市）根据年度全国草原监测实施方案的要求，结合本省（区、市）的工作任务，制定具体工作计划。

（四）确定调查路线和布点区域

根据农业部草原监理中心下达的样地任务及选择原则，在认真分析和全面了解本省（区、市）草原植被分布特征的基础上，划定样地选择区域，可先确定到县（旗）。

（五）组建地面调查小组

为完成地面调查任务，组建若干个地面调查小组，按确定的调查路线和样地布点区域，分别开展地面数据采集和访问调查。每组一般不少于4人，且有一名草业科学专业的技术人员。

（六）开展技术培训

为保证监测工作顺利完成，省级监测职能部门应组织参加调查的人员进行必要的培训。可以集中组织，也可以先培训小组长，再由小组长对组内人员进行培训。

(七) 收集有关资料

自然条件概况,包括全省草原资源、气候、地貌、土壤等方面的情况;社会经济概况,包括人口、农牧业产值、土地利用情况等;畜牧业生产概况,包括畜群结构、饲养方式、草原建设、饲料来源等;自然与生物灾害发生情况等。

(八) 物资准备

每个调查小组需准备以下器材:$1m^2$样方框2个、刻度测绳1个、卷尺1个、剪刀2~3把、枝剪2把、便携式天平1个、野外记录本4个、铅笔4支、橡皮1块、卷笔刀1个、GPS1台、数码相机1台、计算器1个、样品袋(25cm×30cm,若干)、标本夹、标签(若干)、地形图、草原资源图、调查表格、生活用品(常用药品等)、交通工具,有条件的地方可准备卫星影像图。

二、样地设置

样地应选择在相应群落的典型地段。样地内要求生境条件、植物群落种类组成、群落结构、利用方式和利用强度等具有相对一致性;样地之间要具有异质性,每个样地能够控制的最大范围内,地貌、植被等条件要具有同质性,即地貌以及植被生长状况应相似。草原植被样地面积应不小于$100hm^2$,荒漠植被样地面积可适当扩大,在此范围内设置样条和样方。此外还要考虑交通的便利性。

样地的设置原则是:

所选样地要具有该类型分布的典型环境和植被特征,植被系统发育完整,具有代表性。

样地选择中,应考虑主要草地类型中优势种、建群种在种类与数量上变化趋势与规律。例如草原沙化、退化监测样地设置应能反映出梯度变化趋势。

山地垂直带上分布的不同草原类型,样地应设置在每一垂直分布带的中部,并且坡度、坡向和坡位应相对一致。

对隐域性草原分布的地段,样地设置应选在地段中环境条件相对均匀一致的地区。草原植被呈斑块状分布时,则应增加样地数量,减小样地面积。

对于利用方式不同及利用强度不一致的草原，应考虑分别设置样地，如割草地、放牧场、季节性放牧场、休牧草场、禁牧草场、有不同培育措施的草场、存在不同利用强度的草场等，力求全面反映草原植被在不同利用状况下的差异。

进行草原保护建设工程效益监测时，要同时选择工程区内样地和工程区外样地进行监测，其他条件如地貌、土壤和原生植被类型均需尽量保持一致。

当草原的利用方式或培育措施发生变化时，及时选择新的与该样地相对应的对照样地，以监测上述变化造成的影响。

样地一般不设置在过渡带上。

三、样方设置

样方是能够代表样地信息特征的基本采样单元，用于获取样地的基本信息。

（一）设置原则

样地设置在样地内。

沿任意方向每隔一定距离设置一个样方。选定第一个样方后，按一定方向、一定距离依次确定第二个、第三个等。样方设置既要考虑代表性，又要有随机性。样方之间的间隔不少于250m，同一样方不同重复之间的间隔不超过250m。

如遇河流、建筑物、围栏等障碍，可选择周围邻近地段草原类型相同、利用方式和环境状况基本一致，具有与原定点相同代表性的地点进行采样。

为获得最接近真实的生物量，在被调查的样地内，尽量选择未利用的区域做测产样方。

退牧还草工程项目监测，要在工程区围栏内、外分别设置样方，进行内、外植被的对比分析。内、外样方所处地貌、土壤和植被类型要一致。不同组的对照样方尽量分布在不同的工程区域。

（二）样方种类

1.草本、半灌木及矮小灌木草原样方

样地内只有草本、半灌木及矮小灌木植物，按附表2内容进行调查。布设样

方的面积一般为1m^2，若样地植被分布呈斑块状或者较为稀疏，应将样方扩大到2~4m^2。草本、半灌木及矮小灌木的高度：一般草本为80cm以下、半灌木及矮小灌木为50cm以下（且不形成大株丛）。

2. 具有灌木及高大草本植物草原样方

样地内具有灌木及高大草本植物，且数量较多或分布较为均匀，则按附表3内容进行调查，布设样方的面积为100m^2。高大草本的高度一般为80cm以上，灌木高度一般在50cm以上。这些植物通常形成大的株丛，有坚硬而家畜不能直接采食的枝条。如果灌木或高大草本在视野范围内呈零星或者稀疏分布，不能构成灌木或高大草本层时，可忽略不计，只调查草本、半灌木及矮小灌木。

（三）样方形状

样方一般为正方形、长方形或圆形。对于具有灌木及高大草本类植物的平坦草原，样方可为正方形（10m×10m）。对于具有灌木及高大草本类植物的山坡地草原，也可为长方形（20m×5m），沿坡纵向设置。也可取半径为5.65m的圆形样方。

（四）样方数量

在一般情况下，一个样地内，不少于3个样方。面积大、地形复杂、生态变异大，应多设样方。灌木及高大草本类植物的草原，样地内可只设置一个100m^{2}的样方，不做重复。

四、样地基本特征调查

样地基本特征按附表1内容填写。

（一）样地号

以省（区、市）的县（旗）为单位，按样地选择顺序依次编号，同一个县（旗）内，样地号不得重复。标准编号示例：如河北丰宁-001，以此类推。

（二）样地所在行政区

标明样地所在省（区、市）、县（旗）、乡（镇、苏木）村（嘎查）。

（三）草地类型

指样地所在区域的草原类型。按中国草地类型分类系统中确定的类和型的名称分别填写。类指大类，如温性草甸草原；型指最基本的分类单元，如温性草甸草原平原丘陵线叶菊型，也可直接写成：线叶菊、贝加尔针茅、羊草（参与命名的优势种植物至少2~3种）。

（四）景观照片编号

在样地调查中，需要同时拍摄样地所在区域最有代表性的景观照片1张，并应对照片进行对应样地的同名编号。景观照是指最能反映样地周围特征景物的照片。

（五）草原保护建设工程

记载草原保护建设工程有无、工程类型和建成时间等基本情况。

（六）地貌

地貌通常分为平原、山地、丘陵、高原、盆地等类型，各种地貌类型的判断依据如下：

【平原】地势漫平，高差很小的广阔的平坦地面，海拔一般在200m以下，相对高差在50m左右。

【山地】按海拔高度、相对高度和坡度来确定，包括下列情况：海拔>3 000m，相对高度在>1 000m的陡峭山坡；海拔为1 000~3 000m，相对高度为500~1 000m的山坡；海拔为500~1 000m，相对高度200~500m的平缓山坡，与丘陵无明显界线。

【丘陵】海拔高度<500m，相对高度<200m，坡度较小。

【高原】海拔>200m的平原地貌。

【盆地】指周围被山岭环绕，中间地势低平，似盆状地貌。

（七）坡向

分为阳坡（坡向向南）、半阳坡（坡向向东南）、半阴坡（坡向西北）、阴坡（坡向向北）。

（八）坡位

分坡顶、坡上部、坡中部、坡下部、坡脚。

（七）、（八）仅在地形为山地或丘陵时填写。

（九）土壤质地

土壤的固体部分主要是由许多大小不同的矿物质颗粒组成，矿物质颗粒的大小相差悬殊，且在不同土壤中占有不同的比例，这种大小不同的土粒的比例组合称土壤质地。一般分为以下几种类型：

【砾石质】土壤中砾石含量超过1%时的土壤。

【沙土】土壤松散，很难保水，无法用手捏成团，用手捏时有很重的沙性感，并发出沙沙声。

【壤土】土壤孔隙适当、通透性好、保水性好，湿捏无沙沙声，微有沙性感，用手成团后容易散开。

【黏土】土壤颗粒小、通透性差、水分不易渗透、容易积水，用手捏成团后不易散开。

（十）地表特征

地表特征主要包括枯落物、覆沙、土壤侵蚀状况等情况，具体判断方法如下：

【枯落物情况】主要指地表有无枯枝落叶覆盖。

【覆沙情况】主要指由于风积作用使表层土壤从一地移动到另一地后在地表造成的沙土堆积。

【盐碱斑】在土壤盐碱化地区，要填写地表有无碱斑和龟裂情况。

【裸地面积比例】裸地面积所占比例的估测，主要用于草原退化、沙化、盐渍化、石漠化状况的判别。

【土壤侵蚀情况】指由于自然或人为因素而使表层土壤受到破坏的情况。地表有无土壤侵蚀主要通过调查区域是否有植物根系裸露、表层土壤是否移动或流失、有无岛状沙丘、有无雨水冲刷痕迹等判断。

侵蚀原因：一般在降水量较少的西北草原地区，有植物根系裸露或表层土壤有移动痕迹为风蚀；坡度在中坡以上地区或低洼地带，有雨水冲刷痕迹为水蚀；居民点、工矿企业附近，地表裸露面积比例较大、且地表多沙砾石，一般为人为活动所致；地表多牲畜粪便和有蹄类动物践踏痕迹，且地表多沙砾石覆盖、裸地比例较大，植物高度、盖度明显下降，一般为超载过牧所致。侵蚀原因以本省区实际情况判断。

（十一）水分条件

主要填写样地所在地区，地表有无季节性水域和当地气象台站记载的年平均降水量。

（十二）利用方式

草原利用方式的具体信息要通过对当地牧民或专业人员的访问获得，主要分为以下几种：

【全年放牧】全年放牧利用。

【冷季放牧】北方一般指冬季和春季放牧，南方一般指冬季放牧。

【暖季放牧】牧草生长季节放牧。

【春秋放牧】春季和秋季放牧。

【禁牧】全年不放牧。

【打草场】用于刈割的非放牧草地。

（十三）利用状况

指草原上家畜放牧和人类活动情况。利用状况以目视和调查为准。

【未利用】指没有被放牧或打草利用的草原。

【轻度利用】放牧较轻，对草地没有造成损害，植被生长发育状况良好。

【合理利用】草原利用合理，草畜基本平衡，植物生长状况优良。

【超载】指草原被过度利用，草原载畜量超过草畜平衡规定，幅度小于30%，草地有退化迹象，群落的高度盖度下降，多年生牧草比例减少。

【严重超载】指草原被重度利用，草原家畜超载幅度大于30%，草原退化现象严重，草群高度盖度明显下降，优良牧草比例明显减少，一年生或者有害植物增加。

（十四）综合评价

为便于综合评判草原的质量，本手册将草原质量大体分为以下3个级别：

【好】草原生态系统结构完整，植物种群组成未发生明显变化，植被盖度较高，草原退化、沙化、盐渍化不明显。

【中】草原植被盖度和产草量降低，表土裸露，土壤发生盐渍化。适口性好和不耐踩踏的牧草品种减少，适口性差和耐踩踏的牧草品种增加，主要组成种群为矮化杂草以及耐践踏的灌丛。

【差】植被盖度和产草量明显降低，表土大面积裸露，土壤盐渍化严重。可食牧草几乎消失，主要组成种群为可食性差的牧草及一年生杂草。

五、草本、半灌木及矮小灌木草原样方调查

样地内只有草本、半灌木及矮小灌木植物，没有灌木和高大草本植物时，只调查表2内容，并认真填写。

（一）样方编号

指样方在样地中的顺序号，比如河北丰宁-001-03，代表河北省丰宁县1号样地的第3个样方，同一样地内，样方编号不能重复。

（二）样方面积

填写样方的实际面积。

（三）样方定位

GPS记载样方的经纬度和海拔高度。经纬度统一用度分格式，比如：某样地GPS定位为：E 115°04.445′，N 42°27.998′，A 990m。

（四）样方照片编号

在样方调查中，每个样方需要拍摄一张俯视照，其编号要与样方编号相同。俯视照是指在样方中心上方垂直向地面拍摄的照片，应涵盖样方整个范围。

（五）植被盖度测定

指样方内各种植物投影覆盖地表面积的百分数。植被盖度测量采用目测法或样线针刺法。

目测法：目测并估计样方内所有植物垂直投影的面积。

样线针刺法：选择50m或30m刻度样线，每隔一定间距用探针垂直向下刺，若有植物，记做1，无则记做0，然后计算其出现频率，即盖度。

（六）草群平均高度

测量样方内大多数植物枝条或草层叶片集中分布的平均自然高度。

（七）植物种数

样方内所有植物种的数量。

（八）主要植物种名

填写样方内优势种或群落的建群种的规范中文名称、优良牧草种类（饲用评价为优等、良等的植物）。

（九）毒害草种数

样方内对家畜有毒、有害的植物种数量。

（十）主要毒害草名称

样方内对家畜有毒、有害的主要植物的规范中文名称。

（十一）产草量测定

总产草量是指样方内草的地上生物量。通常以植被生长盛期（花期或抽穗期）的产量为准。

【剪割】对草本、半灌木及高大草本，样方内植物齐地面剪割。矮小灌木及灌木只剪割当年枝条。

【鲜重】将割下的植物按照可食产草量和总产草量分别测定鲜重。可食草产量是总产草量减去毒害草产量。

【风干重】风干重是指植物经一定时间的自然风干后，其重量基本稳定时的重量。可将鲜草按可食用和不可食分别装袋，并标明样品的所属样地及样方号、种类组成、样品鲜重，待自然风干后再测其风干重。根据风干重可以推算该草地植物的重量干鲜比。

【产草量折算】将样方内鲜草总产量和可食鲜草产量折算为单位面积内的产量，并按照干鲜比，分别折算单位面积的风干重。单位用千克/公顷（kg/hm^2）。

六、具有灌木及高大草本植物草原样方调查

所调查的样地具有灌木和高大草本植物时，应按附表3要求进行调查，在样地内布设$100m^2$的样方。在该样方内分别测定草本、半灌木及矮小灌木、灌木及高大草本2类植物的有关数据。

（一）填写样方编号和样方照片编号

样方照片编号要标明该照片所在样方号。

（二）调查方法

测定草本、半灌木及矮小灌木： 100m²的样方内设置3个1m²草本、半灌木及矮小灌木样方，测定内容和方法同附表2，草本产量测量一律采用齐地面剪割，测定结果记录于附表3，取3个样方的平均值作为100m²内草本、半灌木及矮小灌木的测定结果。

测定灌木和高大草本： 对80cm以上的高大草本和50cm以上的灌木产量的测定，采用测量单位面积内各种灌丛植物标准株（丛）产量和面积的方法进行。

1. 记录灌丛名称

2. 株丛数量测量

记载100m²样方内灌木和高大草本株丛的数量。先将样方内灌木或高大草本按照冠幅直径的大小划分为大、中、小3类（当样地中灌丛大小较为均一，冠幅直径相差不足10%~20%时，可以不分类，也可以只分为大、小2类），并分别记数。

3. 丛径测量

分别选取有代表性的大、中、小标准株各1丛，测量其丛径（冠幅直径）。

4. 灌木及高大草本覆盖面积

灌丛面积按圆面积计算。

某种灌木覆盖面积=该灌木大株丛面积（1株）×大株丛数+中株丛面积（1株）×中株丛数+小株丛面积（1株）×小株丛数。

灌木覆盖总面积=各类灌木覆盖面积之和

5. 灌木及高大草本产草量计算

分别剪取样方内某一灌木及高大草本大、中、小标准株丛的当年枝条并称重，得到该灌木及高大草本大、中、小株丛标准重量，然后将大、中、小株丛标准重量分别乘以各自的株丛数，再相加即为该灌木及高大草本的产草量（鲜重）。将一定比例的鲜草装袋，并标明样品的所属样地及样方号、种类组成、样品鲜重、样品占全部鲜重的比例等，待自然风干后再测其风干重。将样方（100m²）内的所有灌木和高大草本的产草量鲜重和干重汇总得到总灌木或高大草本产草量，并分别折算成单位面积的重量，填入附表3。

实际操作时，可视株型的大小只剪1株的1/3或1/2称重，然后折算为1株的鲜重。

6. 样方（100m²）内总产草量

样方内总产草量包括草本、半灌木及矮小灌木重量、灌木及高大草本重量，折合成每公顷的产草量。

总产草量=草本、半灌木及矮小灌木产草量折算×（100-灌木覆盖面积）/100+灌木及高大草本产草量折算合计

七、草原保护建设工程效益调查

该项调查的目的是分析、评价草原保护建设工程实施后，项目工程区草原植被变化情况，按附表4内容填写。

（一）摸清情况

对本省（区、市）实施草原保护建设工程项目的情况进行详细摸底，掌握工程实施县（旗）的工程名称、面积、分布、建设时间、工程措施、投资情况等情况。

（二）样方编号和照片编号

例如，河北丰宁-退-01-内和河北丰宁-退-01-外，表示河北省丰宁县退牧还草工程区内外第1组对照样方。样方编号和照片编号要一致。

（三）地面调查

在每个项目县（旗）的每个工程项目内至少做2~3组（退牧还草项目做3~5组）工程区内、外对照样方，即每组包括工程区内的样方和工程区外基本等距地点的对照样方，并且每个对照组的工程区外样方应尽可能选在与工程实施前草原植被等状况基本一致的地段。不同组的工程区内、外对照样方应尽量分布在不同的工程区域内外，应能实事求是地反映项目工程的生态和经济效益。

八、家畜补饲情况调查

在做好地面调查的同时，要通过访问调查等方式获取草食家畜饲料结构状况，以便分析牧区、半牧区县（旗）的补饲情况。调查分为2级：一是以县（旗）为单位进行调查，调查各县（旗）总体补饲情况；二是以户为单位进行调查，入户调查补饲情况，所选择的典型户要有代表性，既能代表不同的区域（牧区、半农半牧区、农区），又能代表不同的养殖规模（大、中、小户），还能代表不同的养殖方式（放养、舍饲和半舍饲养殖）。县级调查结果填入附表5，入户调查结果填入附表6。同时调查填写上年度末各县（旗）和典型户的草食牲畜数据，调查内容见附表5、附表6。

（一）人工草地调查

对本县（旗）的人工草地面积和产草量进行调查，产草量应折算为风干产草量。

（二）秸秆补饲调查

调查有关县（旗）和典型户农作物秸秆用于牲畜饲料的数量。

（三）青贮饲料量

调查用于饲喂牲畜的青贮玉米或其他青贮饲料的数量。

（四）粮食补饲量

调查玉米、豆类等粮食用于补饲的数量。

（五）补饲总天数

1年内补饲时间折合的总天数。

（六）放牧天数

1年内放牧时间的总天数。补饲总天数加放牧总天数应为365天。

九、草原生态环境状况调查

省、地、县级草原监测职能部门可根据本地区已有的资料或野外调查人员对调查地区草地生态状况的总体评价，按照附表7的要求，填写本行政区域内的草原生态状况信息。

退化、沙化、盐渍化分级标准参照GB/T 19377《天然草原退化、沙化、盐渍化的分级指标》。

十、数据报送

各省级草原监测职能部门对本省区内的地面调查数据和访问调查数据进行整理、审核和汇总，并按要求将有关数据、资料、报告于9月30日前报送农业部草原监理中心。

（一）草原监测数据汇总表

按照《全国草原监测技术操作手册》的要求，对附表1至附表7进行汇总，按时上报数据汇总表。

（二）草原监测地面数据库及照片

将地面监测数据全部录入草原监测地面数据管理系统，通过系统产生数据库，并按系统要求对样地、样方照片进行整理，按时上报数据库和照片。

（三）文字报告

各省级草原监测职能部门要在调查的基础上，对本省区草原资源与生态状况做科学分析，形成简要文字报告并按时上报。文字报告应包括如下内容：

草原资源与生态概况：本省区草原生产及与上年的比较（估测）、草原生态状况、载畜量、载畜平衡状况（估测）等。

监测工作开展情况：样地数、样方数、照片数量和容量、入户调查数、开展培训次数、参加培训人数、参加工作人数、工作起止时间、野外里程数（估测）、投入资金数等信息。

附表1 样地基本特征调查表

样地号：_____ 调查日期：____年____月____日 调查人：_____

样地所在行政区		省（自治区）		县（旗、市）	乡（镇、苏木）		村（嘎查）
行政编码							
草原保护建设工程	有无		工程类型			建成时间	
	草地型			景观照片编号		具有灌木和高大草本	有无

草地类	
地 貌	平原（ ）、山地（ ）、丘陵（ ）、高原（ ）、盆地（ ）
坡 向	阳坡（ ）、半阳坡（ ）、半阴坡（ ）、阴坡（ ）
坡 位	坡顶（ ）、坡上部（ ）、坡中部（ ）、坡下部（ ）、坡脚（ ）
土壤质地	砾石质（ ）、沙土（ ）、壤土（ ）、黏土（ ）
地表特征	枯落物情况（有无）；覆沙情况（有无）；侵蚀情况（有无），侵蚀原因（风蚀、水蚀、冻融、超载、其他）；盐碱斑（有无）；裸地面积比例（ %）
水分条件	地表有无季节性积水（有无）；年平均降水量 mm
利用方式	全年放牧（ ）、冷季放牧（ ）、暖季放牧（ ）、春秋放牧（ ）、打草场（ ）、禁牧（ ）、其他（ ）
利用状况	未利用（ ）、轻度利用（ ）、合理利用（ ）、超载（ ）、严重超载（ ）
综合评价	好（ ）、中（ ）、差（ ）

注：坡向、坡位在地貌为山地或丘陵时填。标准样地编号示例：河北丰宁-001，依此类推。

附表2　草本、半灌木及矮小灌木草原样方调查表

调查日期：_____年_____月_____日　　调查人：_____

样方编号				样方面积		m²	
样方定位	东经						
	北纬						
	海拔						
样照片编号		俯视照：		枯落物（kg/hm²）			
植物盖度				草群平均高度（cm）			
植物种数				毒害草种数			
主要植物种名称（2~3种）				主要毒害草名称（1~2种）			

产草量测定		鲜重（g/m²）				风干重（g/m²）			
		1	2	3	平均	1	2	3	平均
	产草量								
	可食产草量								
	产草量折算	总产草量（kg/hm²）				可食产草量（kg/hm²）			
		鲜重		风干重		鲜重		风干重	

备注	

样方编号示例：河北丰宁-001-03，代表河北省丰宁县1号样地的第3个样方。照片编号和样方编号要一致。

附表3 具有灌木及高大草本植物草原样方调查表

调查日期：_____年_____月_____日　　调查人：_____

样方编号		空间定位	经度：	纬度：	海拔：		
		照片编号					

样方编号		植物种数	主要植物种	平均高度（cm）	产草量（g）		平均产草量折算（kg/hm²）		可食产草量（g）		平均可食产草量折算（kg/hm²）	
					鲜重	风干重	鲜重	风干重	鲜重	风干重	鲜重	风干重
1m²草本及矮小灌木小样方	样方1											
	样方2											
	样方3											

100m²样方内灌木及矮小灌木调查	大株丛（cm, g）			中株丛（cm, g）				小株丛（cm, g）				覆盖面积（m²）	产草量折算（kg/hm²）		灌丛高度（cm）
	丛径	鲜重	风干重	株丛数	丛径	鲜重	风干重	株丛数	丛径	鲜重	风干重	株丛数		鲜重	风干重	
灌木及高大草本名称																
合计																

100m²样方内灌木及高大草本调查	鲜重：	（kg/hm²）	风干重：	（kg/hm²）	枯落物	（kg/hm²）
植被总盖度（估算）	总产草量					

说明：1. 样方编号示例：河北丰宁-001-01，代表河北省丰宁县1号样地的第1个样方。照片编号和样方编号要一致。

2. 灌木及高大草本植物产草量鲜重、风干重只测可食部分。

3. 灌木及高大草本植物覆盖面积（m²）=Σπ×（丛径/2）²/10 000。

4. 灌木及高大草本产草量折算（kg/hm²）=Σ鲜重（干重）×株丛数/10。

5. 总产草量=草本及矮小灌木产草量折算×（100-灌木覆盖面积）/100+灌木及高大草本产草量折算合计，这个值在将其他信息输入后软件会自动计算出来。

附表4 工程效益对照样方调查表

调查日期：＿＿＿年＿＿＿月＿＿＿日　　调查人：＿＿＿＿＿＿

工程名称			建设时间		行政区		省（区）	县（旗）	乡（苏木）	行政编码：
工程面积	（hm²）		项目投资 其中中央：	总投资：（万元） （万元）	工程措施					

工程区域内样方

样方测定编号				俯视照编号		样方编号				
样方定位	东经：		北纬：		海拔：					
植被特征	盖度：（%）；平均高度：（cm）；植物种数：									
主要植物										
主要毒害草										
枯落物	（kg/hm²）									

当年产草量测定		鲜重（g）				干重（g）				产草量折算（kg/hm²）	
		1	2	3	平均	1	2	3	平均	鲜重	风干重
	总产草量										
	可食产草量										

工程区域外样方

样方编号				俯视照编号						
东经：		北纬：		海拔：						
盖度：（%）；平均高度：（cm）；植物种数：										

		鲜重（g）				干重（g）				产草量折算（kg/hm²）	
		1	2	3	平均	1	2	3	平均	鲜重	风干重

样方编号示例：河北丰宁-退-01-02-内和河北丰宁-退-01-02-外，表示河北省丰宁县夏退牧还草工程区内外第1组对照样地中的第2组对照样方。

附表5 _____省（自治区）分县补饲情况及草食牲畜数量统计表

填表日期：_____年_____月_____日　　填表人：_____　　填表单位：_____

县（旗）名称	A. 人工草地面积	B. 人工草地产草总量	C. 补饲秸秆等总量	D. 青贮饲料总量	E. 粮食补饲量	F. 补饲总天数	G. 放牧总天数	草食牲畜存栏数（万只、万头）				其他草食牲畜
								绵羊	山羊	牛	马	骆驼	

注：A. 人工草地（包括饲料地）面积，单位：公顷（hm²）；B. 人工草地产草总量（包括饲料作物产量），单位：吨（t），折合干草；C. 补饲秸秆等总量，单位：吨（t），折合干草；D. 青贮饲料总量，单位：吨（t）；E. 粮食补饲量，单位：吨（t）；F. 补饲总天数，单位：天（d）；G. 放牧总天数，单位：天（d）。

附表6 _____省（自治区）_____县入户补饲情况及草食性畜数量统计表

填表日期：_____年_____月_____日　　　　填表人：_____　　　　填表单位：_____

户主姓名	A.人工草地面积	B.人工草地产草总量	C.补饲秸秆等总量	D.青贮饲料总量	E.粮食补饲量	F.补饲总天数	G.放牧总天数	草食性畜存栏数（只、头）				
								绵羊	山羊	牛	马	骆驼	其他草食性畜

注：A.人工草地（包括饲料地）面积，单位：公顷（hm²）；B.人工草地产草总量（包括饲料作物产量），单位：折合干草，千克（kg）；C.补饲秸秆等总量，单位：折合干草，千克（kg）；D.青贮饲料总量，单位：千克（kg）；E.粮食补饲量，单位：千克（kg）；F.补饲总天数，单位：天（d）；G.放牧总天数，单位：天（d）。

附表7 草原生态环境状况调查表

填表日期： _____ 年 _____ 月 _____ 日　　　填表人： _____　　　填表单位： _____
行政区： _____ 省（市、自治区） _____ 地市（州、盟） _____ 县（旗）

类型	主要分布区域	分布面积（hm²）	分级面积（hm²）		
			轻度	中度	重度
草原退化					
草原沙化					
草原盐渍化					
草原石漠化					

注：本表省、地、县级行政区均可使用。